普通高等教育"十一五"国家级规划教材配套参考书

电工电子技术

学习指导

袁小庆　编著

西北工業大學出版社

【内容简介】 本书是与史仪凯主编的普通高等教育"十一五"国家级规划教材《电工电子技术》配套的学习指导书。本书介绍教材中的基本要求，根据重点和难点简要叙述学习指导，精选部分习题，加深对所学内容的理解和掌握，拓宽分析、解决问题的思路。

本书不仅可供本科和专科非电类专业学生和广大自学读者学习参考，也可作为电工学教师的教学参考书。

图书在版编目(CIP)数据

电工电子技术学习指导/袁小庆编著．—西安：西北工业大学出版社，2013.1
ISBN 978-7-5612-3572-0

Ⅰ.①电… Ⅱ.①袁… Ⅲ.①电工技术—高等学校—教学参考资料②电子技术—高等学校—教学参考资料 Ⅳ.①TM②TN

中国版本图书馆 CIP 数据核字(2013)第 017632 号

出版发行：西北工业大学出版社
通信地址：西安市友谊西路 127 号　　邮编：710072
电　　话：(029)88493844　88491757
网　　址：www.nwpup.com
印 刷 者：陕西兴平报社印刷厂
开　　本：727 mm×960 mm　1/16
印　　张：9.25
字　　数：174 千字
版　　次：2013 年 1 月第 1 版　　2013 年 1 月第 1 次印刷
定　　价：20.00 元

前　言

西北工业大学史仪凯主编的《电工电子技术》是普通高等教育“十一五”国家级规划教材，本书是与该教材配套的学习指导书。本书按教材的章节内容分为14章，各章按基本要求、学习指导、习题选解三个部分编写。

基本要求依据教育部高等学校电子信息科学与电气信息类基础课程教学指导委员会新修订的高等学校工科“电工学”课程的教学基本要求，提出各章内容学习中“了解”“理解”和“掌握”三个不同层次的具体要求。

学习指导根据编者多年从事电工学课程教学的经验，以及对教材各章相关内容的思考和理解，简要论述教材各章节的重点和难点内容，提出该内容教学过程中应采取的处理方法和建议，强调学生在学习中应采取的方法和应注意的问题。

习题选解是根据各章的重点和难点内容，精选教材中各章的部分习题进行解答，解题的思路灵活多样，可加深学生对所学内容的理解和拓宽分析解决问题的思路。习题选解强调对题意的分析，找出解题方法和规律，注重启发性与逻辑性并重。部分习题解后提出应注意的问题。

本书编写条理清晰，注意启发逻辑思维，便于阅读和自学，有助于提高学生分析和解题的能力，对课程学习总结、提高学习效率和成绩有一定的指导作用。

本书不仅可供本科和专科非电类专业学生和广大自学读者学习参考，也可作为电工学教师的教学参考书。

本书难免存在不妥之处，恳请使用本书的读者提出宝贵意见。

编　者

2012年10月于西北工业大学

目　　录

第1章 电路概念与分析方法

1.1 基本要求

(1)了解电路模型和电路元件的意义；

(2)理解电压和电流的参考方向；

(3)理解电功率的意义；

(4)掌握实际电源模型及其等效变换；

(5)理解电路基本定律并能正确应用；

(6)掌握支路电流法、叠加原理、戴维南定理分析电路的方法；

(7)了解结点电压法分析电路的方法；

(8)掌握分析与计算简单电路中各点电位的方法。

1.2 学习指导

本章首先讲述了电压和电流的参考方向、基尔霍夫定律、实际电源模型及其等效变换、电路中电位的概念与计算等内容。虽然这些内容比较简单，但却包含有不少概念，有些概念在物理学中并未涉及，正是这些概念对电工技术、电子技术中其他内容的学习起着极为重要的作用。有些内容虽然在物理课程中讲过，但是在本课程中利用工程观点来阐述，而不是简单的重复，这也有助于学生建立工程的概念。

本章重点介绍电路的几种最基本的分析方法。其中支路电流法是基础，其直接利用基尔霍夫两个定律列出联立方程求解，尽管该方法在电路分析中有时显得较为烦琐，但在电子技术学习中却屡见不鲜。叠加原理和戴维南定理可将复杂电路转化为简单电路来求解，往往可获得事半功倍的效果。在分析电路时具体采用什么方法，要根据具体题目和读者的熟练程度而定。

本章的难点主要有：电流源和理想电流源，关键在于建立电流源和理想电流源的概念；电路中的正方向判断；电路中电位的计算；复杂电路的分析计算。

本章所介绍的电路分析方法不仅适用于直流电路，也适用于交流电路和其他电路。本章的重点内容是基尔霍夫定律、电源等效变换、叠加原理和戴维南定理。

1.2.1 电路模型和电路元件

电路是电流流经的通路，其作用是实现能量的传输、分配和转换。电路主要由三个环节组成，即电源、中间环节（包括连接线、开关和仪表等）和负载。

电路模型是将实际电路理想化，也就是在特定条件下忽略次要因素而主要突出电磁关系，由理想元件（简称电路元件）组成的电路。今后分析的都是指电路模型，简称电路。

电路元件分为有源元件和无源元件：有源元件有电压源（由 U_S 和 R_S 组成）、电流源（由 I_S 和 R_S 组成）和受控源；无源元件有电阻元件 R、电感 L（忽略导线的电阻）和电容 C（忽略介质损耗和漏电流），也就是理想电路元件，只要求突出它们的电磁性质，而忽略其次要因素。电阻元件具有消耗电能的性质，即为耗能元件。电感元件具有通过电流产生磁场而储存磁场能量的性质，电容元件具有加上电压产生电场而储存电场能量的性质。电感和电容元件均为储能元件，都不消耗能量。要特别注意电感、电容元件上电压电流关系。电感元件电压与电流关系为

$$u=L\frac{\mathrm{d}i}{\mathrm{d}t}$$

电容元件电压与电流关系为

$$i=C\frac{\mathrm{d}u}{\mathrm{d}t}$$

理想电路元件可分别由相应的参数进行表征，用规定的图形符号来表示。本书所采用电路图形符号均符合我国国标，与其他国家电路图形符号略有不同。

1.2.2 电压和电流的参考方向

设定参考方向是分析与计算电路时的一种方法，因为电路中电压和电流的实际方向未知，只有在设定参考方向时，才可确定分析计算数学式中各项的正负号。

电路电流和电压的实际方向是客观存在的。但在分析较为复杂的电路时，往往较难以事先判断电路中电流、电压的实际方向。因此，在电路分析与计算时，首先要规定电路中电流、电压和电动势的参考方向。电路中参考方向可任意设定，其并不一定是电路中电压、电流和电动势的实际方向。当计算的数值为正时，则说明电压或电流的实际方向与设定参考方向一致；当计算的数值为负时，则说明实际方向与设定的参考方向相反。需要指出的是：电路上所设定的电压与流的方向均指参考方向；分析计算电路时一旦设定参考方向，不可随意更改。

1.2.3 欧姆定律

欧姆定律是分析与计算电路的基本定律之一。值得注意的是：应用欧姆定律

时应在电路上标出电流、电压或电动势的参考方向；电流和电压参考方向选得不一致时，表达式中应带负号；有源支路的欧姆定律可表示为

$$I=\frac{\pm U\pm U_{\mathrm{S}}}{R}$$

式中，电压 U 或电动势 U_{S} 与电流的参考方向相同时取“+”，相反时取“−”。

1.2.4　基尔霍夫定律

基尔霍夫定律是电路的基本定律，具有普遍的适用性，适用于不同元件构成的电路中任一瞬时、任何波形的电压和电流。

基尔霍夫电流定律是指在任一瞬间，流入和流出电路某结点的电流相等，即 $\sum I=0$。其反映了流入电路任一结点的各支路电流间的相互制约关系。基尔霍夫电流定律是由电流连续性原理所决定的，即在任何一个无限小的时间间隔内，流入结点的电荷必然等于由该结点流出的电荷，在该结点上没有堆积电荷。值得注意的是：这里所说的结点可以推广到包括部分电路的任一假设的闭合面（亦称广义结点）；列结点电流方程时，可设流入结点的电流为正，流出结点的电流为负。

基尔霍夫电压定律是指在任一瞬间，沿任一回路循行方向，回路中各段电压的代数和恒等于零，即 $\sum U=0$。其反映了电路中任一回路中各段电压间相互制约的关系。基尔霍夫电压定律是由电位单值性所决定的，即在任一瞬间，从回路中任一点出发，沿回路循行方向一周电位升之和必然等于电位降之和，回到该点时，该点的电位不会发生变化。值得注意的是：基尔霍夫电压定律可以推广应用于回路的部分电路（亦称广义回路）；列回路电压方程时，可设电位升高为正，电位降低为负。

1.2.5　电压源、电流源及其等效变换

电压源和电流源是独立实际电源的两种表示形式。任何一个实际电源均有电压源和电流源两种不同的电路模型，在保证电源外特性一致的条件下，两者间存在等效变换的关系，等效变换的条件为

$$U_{\mathrm{S}}=R_0 I_{\mathrm{S}}$$

或

$$I_{\mathrm{S}}=\frac{U_{\mathrm{S}}}{R_0}$$

应该注意：

(1) 所谓的等效是对外电路（电压、电流、功率不变）而言，而对电源内部并不存在等效。

(2) 理想电压源和理想电流源都是理想电源，其实际上并不存在，两者不能作等效变换，但在电路分析时应分别有恒压和恒流的概念。

(3) 与理想电压源串联的任何电阻或与理想电流源并联的任何电阻均可视作它们的内阻参与变换。

(4) 理想电压源与元件(R 或 I_S) 并联时,并联元件都不会影响理想电压源端电压的大小,故并联元件可视为断开不予考虑,如图 1.2.1(a) 所示;理想电流源与元件(R 或 U_S) 串联时,串联元件都不会改变理想电流源输出电流的大小,故串联元件可视为短接不予考虑,如图 1.2.1(b) 所示。

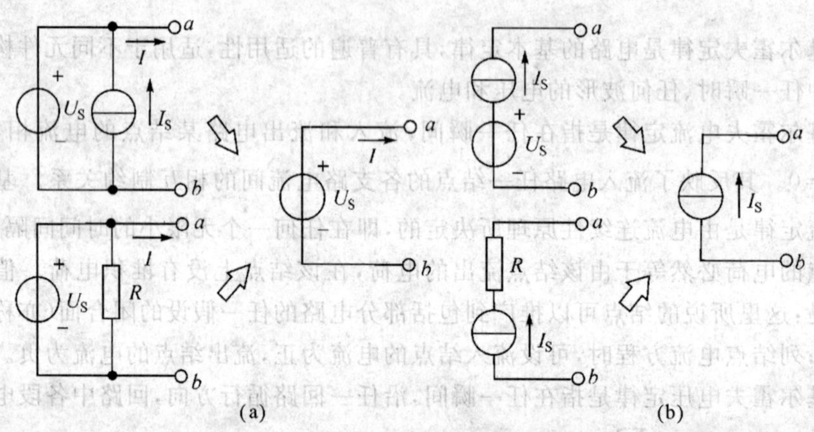

图 1.2.1　理想电源与元件的串、并联

(a) 理想电压源与元件并联;(b) 理想电流源与元件串联

(5) 多个理想电压源串联时,可合并成一个等效的理想电压源;多个理想电流源并联时,可合并成一个等效电流源。

(6) 电压源和电流源的等效变换也是分析和计算电路的一种方法。但是应至少保留一条支路始终不参与变换,作为外电路存在。求出该支路电流后再放回原电路中求出其他支路电流。

*1.2.6　受控源

受控源与独立电源的区别在于:独立电源在电路中起着"激励"的作用;受控源的电压或电流受电路中其他电压或电流所控制,本身不直接起"激励"作用。注意四种理想受控源的模型与控制系数 μ,γ,g,β 的应用。

1.2.7　支路电流法

支路电流法以支路电流为未知数,应用 KCL 和 KVL 分别对电路结点和回路列出需要的方程组,联立求解可得电路中各支路电流。对于一个有 b 条支路、n 个结点的电路,求解各支路电流时:

(1) 在电路上标出各支路电压和电流的参考方向。

(2) 应用 KCL 对独立结点($(n-1)$个)列电流方程。

(3) 应用 KVL 对独立回路($(b-n+1)$个)列电压方程。

(4) 联立 KCL,KVL 所列方程组求解,即得各支路电流。

用支路电流法解题时应注意:

(1) 独立结点处理时,如果两个结点间的连线并无电阻、电位相同,则可视两个结点为一个独立结点。

(2) 独立回路的个数通常是网孔的个数,每个回路应包含一个其他回路中没有的新支路。

1.2.8　叠加原理

叠加原理是指在线性电路中有多个独立电源作用时,电路中的电压、电流响应可视为每个独立电源单独作用所产生的相应响应的叠加。分析步骤是:

(1) 标定各支路电流、电压的参考方向。

(2) 计算每个响应时应将其他独立电源置0,即将其他独立电压源视为短路,将其他独立电流源视为开路,但内阻和受控源要保留。

(3) 叠加是指每个响应的代数和。每个独立电源单独作用的响应的参考方向与总响应的参考方向相同时,取"+",否则取"-"。

应用叠加原理时应注意教材中指明应注意的问题,即:

(1) 只适用于线性电路。

(2) 叠加时要注意各电压和电流响应的参考方向。

(3) 叠加原理只适用于电压、电流响应,功率不能叠加。

(4) 若电源数目较多且电路较为复杂,则采用叠加原理计算将较为繁复。

叠加原理的重要性不在于应用它来计算复杂电路,而在于它是分析线性电路的普遍定理,在后面的电路暂态过程、非正弦交流电路和运算放大电路等电子电路中都起到较重要的作用。

*1.2.9　结点电压法

结点电压法是以结点电压为未知数,表示出各支路电流,应用 KCL 可得到以结点电压为未知数的结点电流方程。其步骤如下:

(1) 标出各支路电压和电流的参考方向。

(2) 在 n 个结点的电路中标定参考点。

(3) 用 KCL 列 $n-1$ 个独立结点电流方程,对两个独立结点电路,其方程为

$$\begin{cases} \sum \dfrac{1}{R_{11}}U_1 + \sum \dfrac{1}{R_{12}}U_2 = I_{S1} \\ \sum \dfrac{1}{R_{21}}U_1 + \sum \dfrac{1}{R_{22}}U_2 = I_{S2} \end{cases}$$

式中 $\sum \frac{1}{R_{11}}$—— 与结点 1 相连接的支路电阻倒数之和，其值取“+”号；

$\sum \frac{1}{R_{22}}$—— 与结点 2 相连接的支路电阻倒数之和，其值取“+”号；

$\sum \frac{1}{R_{12}}$—— 结点 1 与结点 2 之间支路电阻倒数之和，其值取“−”；

$\sum \frac{1}{R_{22}}$—— 结点 2 与结点 1 之间支路电阻倒数之和，其值取“−”；

I_{S1}—— 电流源流入结点 1 电流的代数和；

I_{S2}—— 电流源流入结点 2 电流的代数和。

(4) 求出上述方程中结点电压(相对于参考点)，进而应用 KVL 和欧姆定律求得各支路电压和电流。

含有两个结点的电路，其结点电压方程为

$$U=\frac{\sum \pm \frac{U_S}{R}}{\sum \frac{1}{R}}$$

值得注意的是：如果 U_S 的参考方向与结点电压的方向相反，取“+”，否则取“−”，它与各支路电流的参考方向无关；R 是将各支路上电源去掉，从结点电压端看进去的支路等效电阻。

1.2.10 戴维南定理

戴维南定理是指，将一个有源二端网络用一电动势为 U_S 和内阻为 R_o 组成的电压源代替。其中，电动势 U_S 等于有源二端网络的开路电压 U_o；内阻 R_o 是有源二端网络“除源”后(无源二端网络)的等效电阻。“除源”就是理想电压源短接，理想电流源开路。其解题步骤如下：

(1) 将待求支路断开去掉，剩余电路部分可看作一个有源二端网络。

(2) 先求出该二端网络的开路电压 U_o，则 $U_S=U_o$。

(3) 将上述有源二端网络“除源”，求所得无源二端网络的等效电阻 R_e，则$R_o=R_e$。

(4) 将 U_S 和 R_o 串联组成等效电压源，接在待求支路两端，形成单回路简单电路，求出其中电压或电流，即为所求。

应用戴维南定理解题时，应注意：

(1) 一定将待求支路放置在有源二端网络之外，因为等效是对有源二端网络外部而言的。

(2) 求有源二端网络开口电压时，若网络为简单电路，可利用欧姆定律或基尔霍夫定律求解，若仍为复杂电路，则需利用其他求解复杂电路的方法(如支路电流法、叠加原理等）才能求出开路电压。

(3) 求等效电压源内阻时，通常“除源”后，利用电阻串并联等效变换关系求解。

(4) 待求支路可以是无源支路，也可以是有源支路。

(5) 适用范围：对于一个具有多结点和多支路的复杂电路，只需求一条支路的电压或电流。

1.2.11　电路中电位的计算

电路中某点电位在数值上是指该点与参考点间的电位差。要确定电路中某点的电位时，首先要确定电路的参考点，设参考点的电位为零。因此，电路中某点的电位数值与参考点的选择有关。如果参考点选择不同，电路中各点电位的数值也随之改变。可见，电路中的电位值是相对的，而电路中两点间电压值是绝对的。应用电位的概念，可以简化电路的画法，便于分析计算。

1.3　习题选解

［习题 1.3］　试求图 1.3.1 所示电路中的电压 U_{ab}。

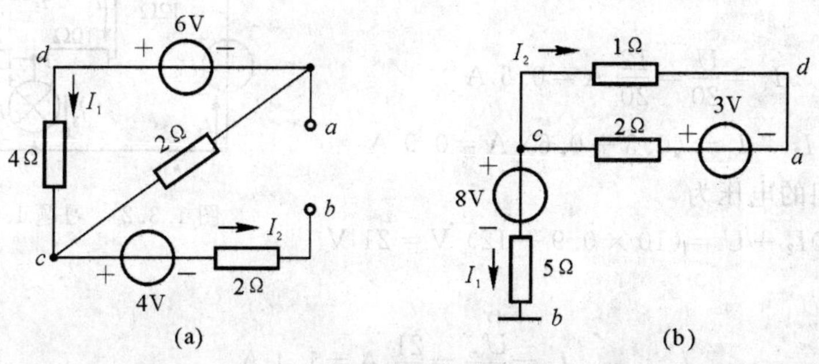

图 1.3.1　习题 1.3 的图

解　分别标出 c, d 两点和电流 I_1 和 I_2。

在图 1.3.1(a) 中，闭合回路 $acda$ 可视为广义结点，列 KCL 方程得

$$I_2=0,\quad I_1=1\ \text{A}$$

则 b, c 之间无电流，即 $U_{cb}=4$ V。对闭合回路 $acda$ 列 KVL 方程得

$$6=4\times I_1+U_{ca}$$

则

$$U_{ca}=2\ \text{V}$$

$$U_{ab}=-U_{ca}+U_{cb}=(-2+4)\ \text{V}=2\ \text{V}$$

在图1.3.1(b)中,因结点b接地,其参考电位为0,则待求U_{ab}与a点电位V_a数值相等。可以采用广义回路法和电位升降法求解。

闭合回路$acda$可视为广义结点,列KCL方程得

$$I_1=0,\quad I_2=1\ \text{A}$$

方法1:取$abca$广义回路,列KVL方程得

$$8+I_2\times 2=3+V_a$$

所以,a点的电位为

$$V_a=(8+2\times 1-3)\ \text{V}=7\ \text{V}$$

方法2:采用电位升降法计算a点的电位(电位升取正,电位降取负),则有

$$V_a=(8-1\times 1)\ \text{V}=7\ \text{V}$$

所以,U_{ab}为

$$U_{ab}=V_a=7\ \text{V}$$

[习题1.4] 在图1.3.2所示的电路中,已知灯泡额定电压及电流分别为12V和0.3A。试问电源电压多大时,才能使灯泡工作在额定值?

解 首先在电路中标出各支路电流的正方向,以及灯泡端电压的正方向。其次,在电路图上标出a,b两点,如图1.3.2所示。

因为灯泡端电压$U=12$ V,电流$I_3=0.3$ A,可得

$$I_4=\frac{U}{20}=\frac{12}{20}\ \text{A}=0.6\ \text{A}$$

$$I_2=I_3+I_4=(0.3+0.6)\ \text{A}=0.9\ \text{A}$$

a,b间的电压为

$$U_{ab}=10I_2+U=(10\times 0.9+12)\ \text{V}=21\ \text{V}$$

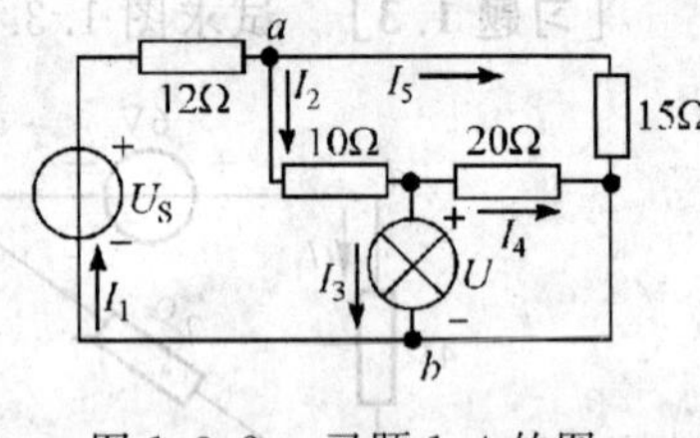

图1.3.2 习题1.4的图

由此可得

$$I_5=\frac{U_{ab}}{15}=\frac{21}{15}\ \text{A}=1.4\ \text{A}$$

$$I_1=I_2+I_5=(0.9+1.4)\ \text{A}=2.3\ \text{A}$$

可见,灯泡要工作在额定值时,电源的端电压应为

$$U_S=12I_1+U_{ab}=(12\times 2.3+21)\ \text{V}=48.6\ \text{V}$$

[习题1.6] 试求图1.3.3(a)所示电路中流过电阻R_L的电流I_L。

解 该题目的在于利用恒压源和恒流源的特性以及电源的等效变换简化电路。

首先利用恒压源和恒流源特性,与20V恒压源并联的10Ω电阻可以去掉,与5A恒流源串联的10Ω电阻可以去掉,则电路可化简为如图1.3.3(b)所示。

将5A恒流源和并联2Ω电阻看作电流源,变换为电压源与串联的20V电压源

合并，则电路可化简为如图 1.3.3(c) 所示的电路。则 R_L 上电压 U_{RL} 为

$$U_{RL}=\frac{\frac{5\times2.5}{5+2.5}}{5+\frac{5\times2.5}{5+2.5}}\times30\ \text{V}=7.5\ \text{V}$$

可得

$$I_L=\frac{U_{RL}}{R_L}=\frac{7.5}{2.5}\ \text{A}=3\ \text{A}$$

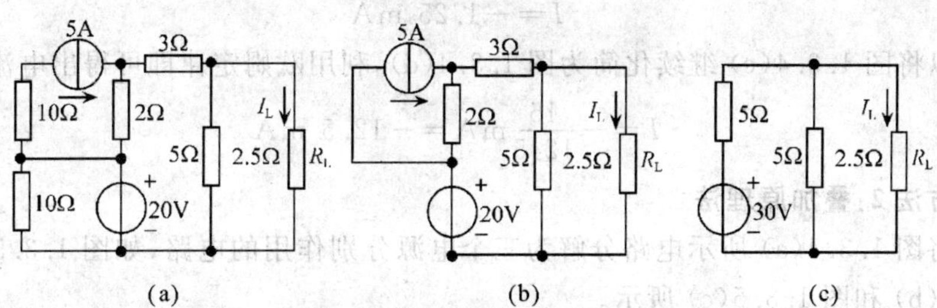

图 1.3.3　习题 1.6 的图

［习题 1.7］　试求图 1.3.4(a) 所示的电路中的电流 I。

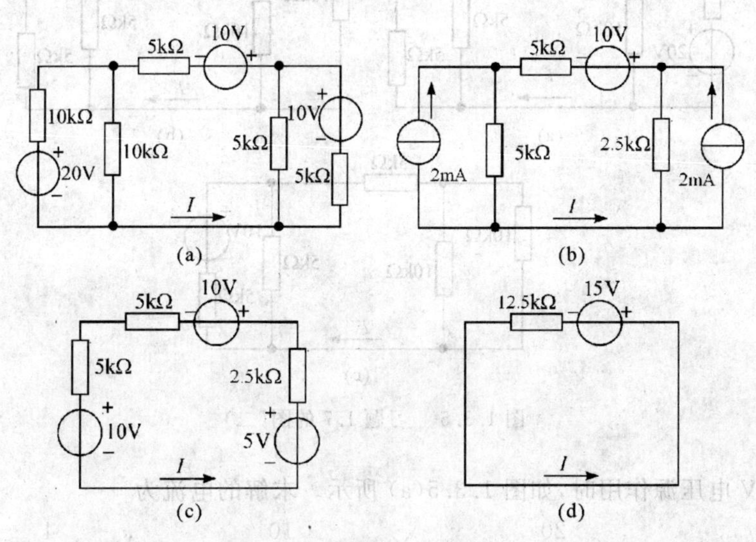

图 1.3.4　习题 1.7 的图(一)

方法 1：电源等效变换法

利用电压源和电流源的等效变换，将电路逐次化简，最后得到一最简单电路，用欧姆定律或基尔霍夫定律计算即可。

首先将左侧 20 V 电压源和右侧 10 V 电压源分别变换为电流源，变换后的电流源内阻分别与相并联电阻合并，等效后电路可化简为如图 1.3.4(b) 所示的电路。

再将变换后的两个电流源转换为电压源，则电路可化简为如图 1.3.4(c) 所示的电路。此时电路变为一个回路，利用 KVL 计算即可。

$$10+10-5+(5+5+2.5)\times I=0$$

得

$$I=-1.25\ \text{mA}$$

也可以将图 1.3.4(c) 继续化简为图 1.3.4(d)，利用欧姆定律即可得出电流 I。

$$I=-\frac{15}{12.5}\text{mA}=-12.5\ \text{mA}$$

方法 2:叠加原理法

将图 1.3.4(a) 所示电路分解为三个电源分别作用的电路，如图 1.3.5(a)、图 1.3.5(b) 和图 1.3.5(c) 所示。

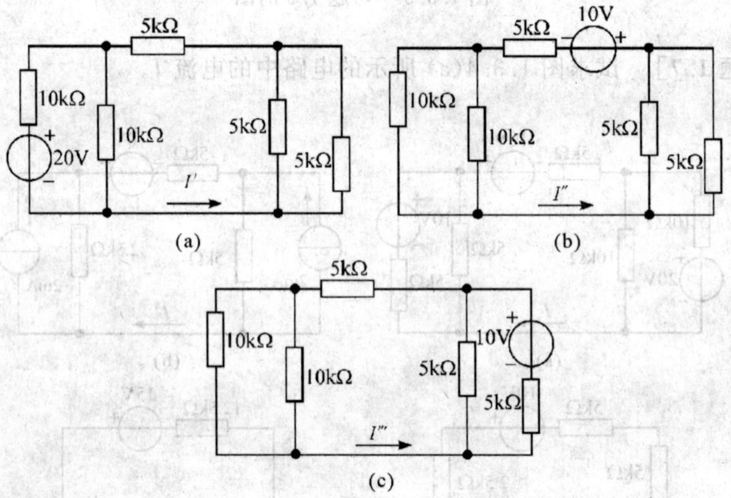

图 1.3.5　习题 1.7 的图(二)

20 V 电压源作用时，如图 1.3.5(a) 所示。求解的电流为

$$I'=-\frac{20}{10+\frac{10\times(5+5\,/\!/\,5)}{10+(5+5\,/\!/\,5)}}\times\frac{10}{10+(5+5\,/\!/\,5)}\ \text{mA}=-\frac{4}{5}\ \text{mA}$$

上侧 10 V 电源作用时，如图 1.3.5(b) 所示。求解的电流为

$$I''=-\frac{10}{10\,/\!/\,10+5+5\,/\!/\,5}\ \text{mA}=-\frac{4}{5}\ \text{mA}$$

右侧 10 V 电源作用时，如图 1.3.5(c) 所示。求解的电流为

$$I'''=\frac{10}{5+5\ /\!/\ (5+10\ /\!/\ 10)}\times\frac{5}{5+5+10\ /\!/\ 10}\ \text{mA}=\frac{2}{5}\ \text{mA}$$

图 1.3.4(a) 所示电流 I 为三个电源单独作用的代数和，所以有

$$I=I'+I''+I'''=\left(-\frac{4}{5}-\frac{4}{5}+\frac{2}{5}\right)\ \text{mA}=-1.25\ \text{mA}$$

提示：电源等效变换和叠加原理是电工技术中常用的两种分析计算复杂电路的方法。其优缺点：电源等效变换适用于电路中电源较多，串并联关系容易判别的电路；叠加原理分析计算过程简单，是分析计算线性电路的普遍原理，不便应用于电源数目较多的电路。

[习题 1.11]　试求图 1.3.6(a) 所示电路中的电流 I，其中 $U_S=120\ \text{V}$，$R=150\ \Omega$，$R_1=R_2=100\ \Omega$，$R_3=R_4=5\ \Omega$，$R_5=R_6=75\ \Omega$。

解　该题用戴维南定理求解较为简便，将电路中七个电阻用 R 和 $R_1\sim R_6$ 表示。先将 R 与 R_6 的并联支路断开；将与电压源 U_S 并联的 R_5 支路断开，则电路如图 1.3.6(b) 所示，由此可求开路电压 U_{ab}，其为 R_4 上电压和 R_2 上电压之和，即

$$U_{ab}=U_{ad}+U_{db}=\frac{R_4}{R_1+R_4}\times U_S-\frac{R_2}{R_3+R_2}\times U_S=$$

$$\left(\frac{50}{100+50}\times 120-\frac{100}{50+100}\times 120\right)\ \text{V}=-40\ \text{V}$$

由图 1.3.6(c)“除源”后的二端网络可求等效开路电阻为

$$R_{ab}=R_1\ /\!/\ R_4+R_2\ /\!/\ R_3=2\times\frac{100\times 50}{100+50}\ \Omega=66.67\ \Omega$$

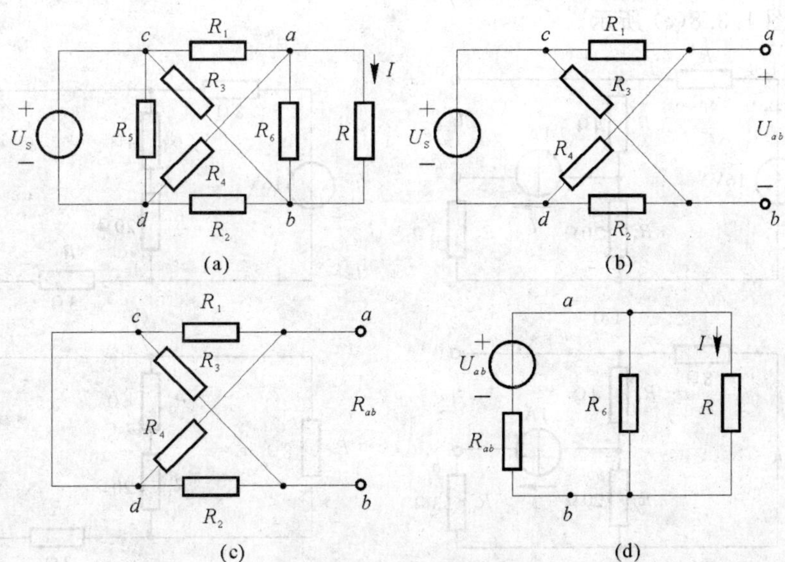

图 1.3.6　习题 1.11 的图

画出图 1.3.6(a) 所示电路的戴维南等效电路，如图 1.3.6(d) 所示。故待求支路的电流为

$$I=\frac{U_S}{R_{ab}+R_6 /\!/ R}\times\frac{R_6}{R_6+R}=\frac{-40}{66.67+75 /\!/ 150}\times\frac{75}{75+150}\ \text{A}=-0.11\ \text{A}$$

[习题 1.12] 用戴维南定理计算图 1.3.7(a) 所示桥式电路中电阻 R_1 的电流 I_L。

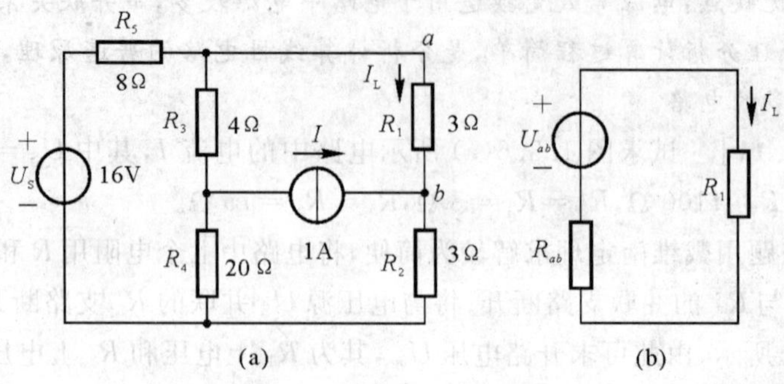

图 1.3.7 习题 1.12 的图(一)

解 要求用戴维南定理试求电阻 R_1 支路的电流，即如图 1.3.7(b) 所示电路。

将 R_1 两端断开，如图 1.3.8(a) 所示，求开路电压 U_{ab}。应用叠加原理分解电路，16 V 电压源单独作用时的电路如图 1.3.8(b) 所示；1 A 电流源单独作用时的电路如图 1.3.8(c) 所示。

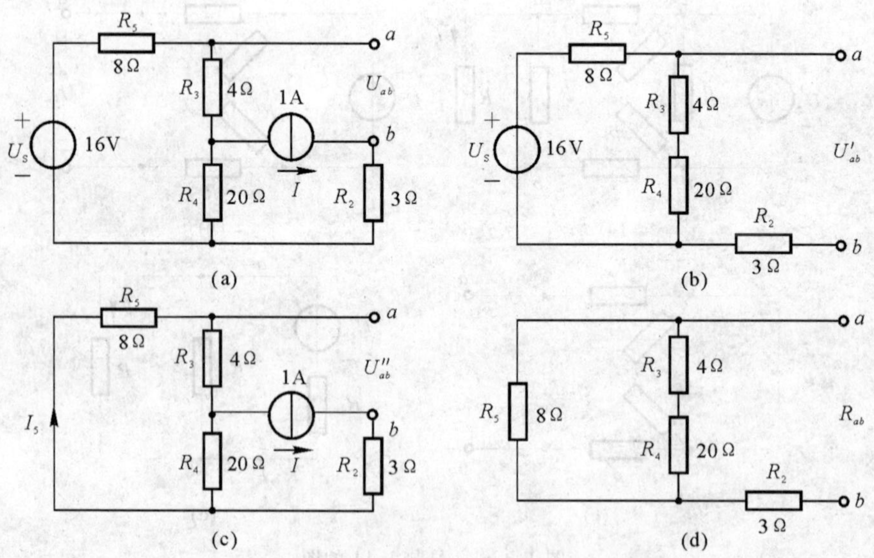

图 1.3.8 习题 1.12 的图(二)

由图 1.3.8(b) 可得

$$U'_{ab}=U_{\mathrm{S}}-\frac{U_{\mathrm{S}}\times R_5}{R_3+R_4+R_5}=16\ \mathrm{V}-\frac{16\times 8}{8+4+20}\ \mathrm{V}=12\ \mathrm{V}$$

由图 1.3.8(c) 可得

$$I_5=\frac{R_4}{R_3+R_4+R_5}\times I=\frac{40}{4+20+8}\times 1\ \mathrm{A}=\frac{5}{8}\ \mathrm{A}$$

取由 a 经电阻 R_5 至 b 的广义回路，并用 KVL 有

$$U''_{ab}=-R_5I_5-R_2I=\left(-8\times\frac{5}{8}-3\times 1\right)\ \mathrm{V}=-8\ \mathrm{V}$$

所以，开路电压为

$$U_{ab}=U_{ab}+U_{ab}=(12-8)\ \mathrm{V}=4\ \mathrm{V}$$

由图 1.3.8(d) 所示“除源”后等效电路，求得等效电阻为

$$R_{ab}=\frac{R_5\times(R_3+R_4)}{R_5+R_3+R_4}+R_2=\left(\frac{8\times 24}{8+24}+3\right)\ \Omega=9\ \Omega$$

由图 1.3.7(b) 所示戴维南等效电路，可得负载电流为

$$I_{\mathrm{L}}=\frac{U_{ab}}{R_{ab}+R_1}=\frac{4}{9+3}\ \mathrm{A}=\frac{1}{3}\ \mathrm{A}$$

[习题 1.13]　用戴维南定理求图 1.3.9(a) 所示电路中的电流 I。

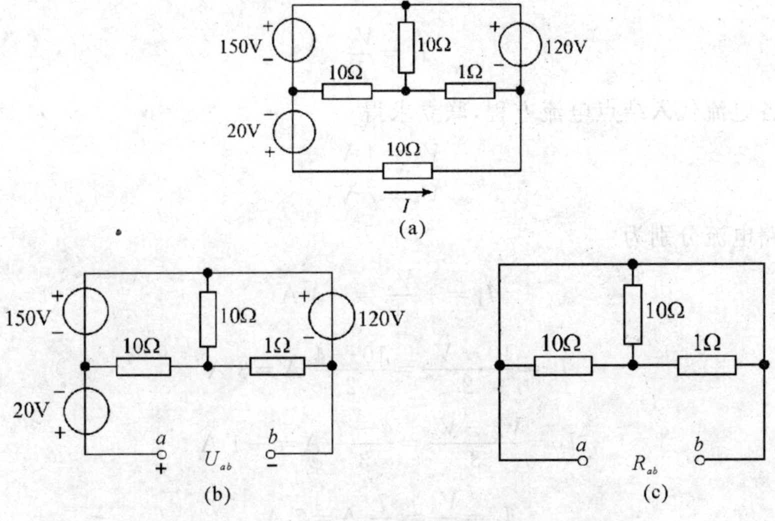

图 1.3.9　习题 1.13 的图

解　用戴维南定理将图 1.3.9(a) 所示电路中待求支路断开，如图 1.3.9(b) 所示电路，则开路电压 U_{ab} 为

$$U_{ab}=(20-150+120)\ \mathrm{V}=-10\ \mathrm{V}$$

由图 1.3.9(c) 所示电路计算等效电阻 R_{ab} 为

$$R_{ab}=0$$

可见,图 1.3.9(a) 所示电路中的电流 I 为

$$I=\frac{U_{ab}}{R_{ab}+10}=\frac{-10}{10}\ \text{A}=-1\ \text{A}$$

[习题 1.15] 试用结点电压法求图 1.3.10 所示电路的各支路电流。

解 根据结点电压法解题步骤,先选取结点 c 为参考结点,假设 a,b 两点的结点电压为 V_a,V_b。

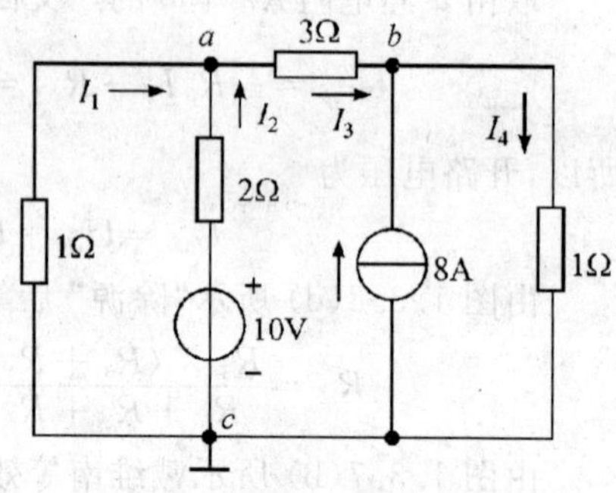

图 1.3.10 习题 1.15 的图

根据 KCL 列 a,b 结点电流方程,即有

$$\begin{cases}I_1+I_2=I_3\\I_3+8=I_4\end{cases}$$

其中

$$I_1=-\frac{V_a}{1}$$

$$I_2=\frac{10-V_a}{2}$$

$$I_3=\frac{V_a-V_b}{3}$$

$$I_4=\frac{V_b}{1}$$

将各电流代入结点电流方程,联立求得

$$V_a=4\ \text{V}$$

$$V_b=7\ \text{V}$$

故各支路电流分别为

$$I_1=-\frac{V_a}{1}=-4\ \text{A}$$

$$I_2=\frac{10-V_a}{2}=\frac{10-4}{2}\ \text{A}=3\ \text{A}$$

$$I_3=\frac{V_a-V_b}{3}=\frac{4-7}{3}\ \text{A}=-1\ \text{A}$$

$$I_4=\frac{V_b}{1}=\frac{7}{1}\ \text{A}=7\ \text{A}$$

第2章　电路的暂态分析

2.1 基本要求

(1) 了解电路的暂态、稳态和时间常数的物理意义；

(2) 理解换路定则和电路初始值的确定；

(3) 掌握经典法分析一阶线性电路的暂态过程；

(4) 掌握三要素法分析一阶线性电路的暂态过程；

(5) 了解微分电路与积分电路。

2.2 学习指导

本章讨论了暂态的概念及其产生的原因，阐述了换路定则及换路后初始值和稳态值的计算方法，着重讨论了 RC，RL 一阶线性电路的暂态分析方法，归纳出一阶电路暂态分析的"三要素法"。重点是一阶电路初始值和时间常数的确定、三要素法分析。

2.2.1 换路定则

所谓换路是指电路在接通、断开、短路，电路结构和电压或参数改变时，使电路中电量发生变化，使得电路由一个稳定状态变化到另外一个稳定状态。如果电路中存在储能元件，则两个稳定状态中存在暂态过程。

换路定则是指电路在换路瞬间储能元件上的能量不能跃变，即电感元件上的电流 i_L 和电容元件上的电压 u_C 不能跃变。换路定则的实质是能量不能跃变，能量的积累和衰减都要有一个过程。因为磁场能量 $W_L=\frac{1}{2}Li_L^2$，电场能量 $W_C=\frac{1}{2}Cu_C^2$，所以 i_L 和 u_C 不能跃变。设 $t=0$ 为换路瞬间(定为计时起点)，$t=0_-$ 为换路前终了瞬间，$t=0_+$ 为换路后的初始瞬间(初始值)，则换路定则可表述为

$$\begin{cases}i_L(0_-)=i_L(0_+)\\u_C(0_-)=u_C(0_+)\end{cases}$$

应用换路定则时要注意以下几点：

(1)0_+ 和 0_- 在数值上都等于 0。0_+ 是指 t 从正值趋近于 0；0_- 是指 t 从负值趋近于 0。

(2) 换路瞬间电感元件的电压、电容元件中的电流均可跃变。

(3) 换路定则仅用于确定换路瞬间暂态过程中 u_C，i_L 初始值。

2.2.2 电路初始值确定

所谓初始值是指电路在 $t=0_+$ 时电压和电流值。确定初始值时要注意以下几点：

(1)$u_C(0_+)$，$i_L(0_+)$ 的求法。

1) 先由 $t=0_-$ 的等效电路求出 $u_C(0_-)$，$i_L(0_-)$。

2) 根据换路定则求出 $u_C(0_+)$，$i_L(0_+)$。

(2) 其他电量初始值的求法。

1) 由 $t=0_+$ 的等效电路求其他电量的初始值。

2) 在 $t=0_+$ 的等效电路中将电容用理想电压源替代，电压源的电压 $u_C=u_C(0_+)$，将电感用理想电流源替代，电流源的电流 $i_L=i_L(0_+)$。

(3) 作电路 $t=0_-$ 和 $t=0_+$ 等效电路。

1) 换路前若储能元件没有储能，则 $t=0_-$ 和 $t=0_+$ 等效电路中可视电容元件短路，电感元件开路。

2) 换路前若储能元件有储能，并设电路已经处于稳态，则 $t=0_-$ 等效电路中：电容元件可视为开路，其电压为 $u_C(0_-)$；电感元件可视为短路，其电流为 $i_L(0_-)$。在 $t=0_+$ 等效电路中：电容元件可用一理想电压源替代，其电压为 $u_C(0_+)$；电感元件可用一理想电流源替代，其电流为 $i_L(0_+)$。

2.2.3 经典法分析

经典法分析就是根据换路后的电路列电压、电流微分方程，解微分方程可得电路的响应的方法。

(1) 零输入响应是指无电源激励，输入信号为零，仅由初始值引起的响应，其实质是储能元件的放电过程。

(2) 零状态响应是指换路前初始储能为零，仅由外加激励引起的响应，其实质是电源给储能元件的充电过程。

(3) 全响应是指激励和初始储能共同作用的结果，其实质是零输入和零状态响应叠加。其数学表达式为

$$f(t)=f(0_+)e^{-\frac{t}{\tau}}+f(\infty)(1-e^{-\frac{t}{\tau}})$$

全响应＝零输入响应＋零状态响应

$$f(t)=f(\infty)+[f(0_+)-f(\infty)]e^{-\frac{t}{\tau}}$$

全响应＝稳态分量＋暂态分量

式中　$f(t)$—— 待求量；

$f(\infty)$—— 稳态分量；

$f(0_+)$—— 初始值；

τ—— 时间常数。

这是叠加原理在线性网络中的应用。求解全响应时，将零输入状态时电容电压 $u_C(0_+)$ 看作理想电压源（电感电流 $i_L(0_+)$ 看作理想电流源），并将其与外部电源激励分别单独作用时的零输入响应和零状态响应叠加，即为全响应。

2.2.4　三要素分析法

三要素法是指在求得 $f(\infty)$，$f(0_+)$ 和 τ（"三要素"）的基础上，可直接写出电路的响应（电压或电流），即

$$f(t)=f(\infty)+[f(0_+)-f(\infty)]e^{-\frac{t}{\tau}}$$

确定三要素的方法和注意事项如下：

(1) $f(\infty)$ 的确定，求换路后电路中的电压或电流，其中电感视为短路，电容视为开路，即求解直流线性电路中的电压或电流；

(2) $f(0_+)$ 的确定，与前面所述初始值的确定方法相同；

(3) τ 的确定，对于 RC 和 RL 电路，时间常数分别为 $\tau=R_0C$ 和 $\tau=L/R_0$，其中 R_0 为电路换路后从储能元件两端求得的戴维南等效电阻；

(4) 三要素方法仅适用于阶跃激励下的一阶线性电路。

2.2.5　电路响应变化曲线

电路响应按指数规律（增长或衰减）变化，如图 2.2.1 所示。暂态过程结束时，电路处于稳定状态，暂态过程的长短取决于电路时间常数 τ。时间常数 τ 是描述电路暂态过程进行快慢的物理量。时间常数 τ 越大，电路的暂态时间越长。工程实际中，经过 $t=4\tau\sim5\tau$ 后，可认为暂态过程结束。同一个电路，具有同一个时间常数。

2.2.6　微分电路与积分电路

微分电路和积分电路是 RC 电路暂态过程的两个实例。它们的时间常数必须满足相应的条件，即微分电路应满足 $\tau\ll t_p$，电压由电阻输出；积分电路应满足 $\tau\gg$

t_p，电压由电容输出。

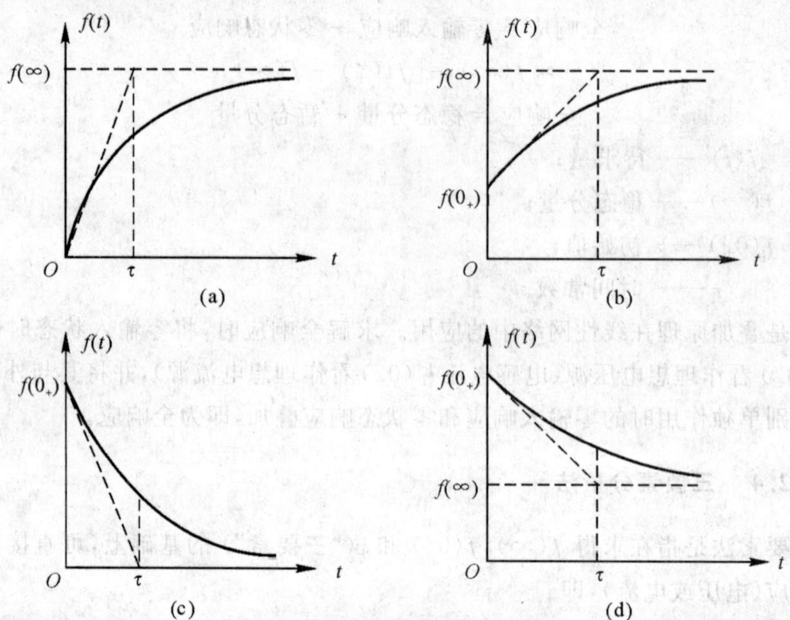

图 2.2.1 电路响应的变化曲线

(a) $f(0_+)=0$； (b) $f(0_+)\neq 0$； (c) $f(\infty)=0$； (d) $f(\infty)\neq 0$

2.3 习题选解

［习题 2.2］ 图 2.3.1(a) 所示的电路中，已知 $U_S=20$ V，$R_1=R_2=2$ kΩ，$R_3=8$ kΩ，$L=1$H，$C=10\mu$F。电路原来处于稳定状态，$t=0$ 时闭合开关 S。试求电路中各初始值 $i_L(0_+)$，$i_C(0_+)$，$u_L(0_+)$ 和 $u_C(0_+)$。

解 (1) 由 $t=0_-$ 的等效电路，如图 2.3.1(b) 所示，则有

$$i_L(0_-)=\frac{U_S}{R_1+R_3}=\frac{20}{(2+8)\times 10^3}\ \text{A}=2\times 10^{-3}\ \text{A}$$

$$u_C(0_-)=\frac{R_3}{R_1+R_3}U_S=\frac{8}{(2+8)\times 10^3}\times 20\ \text{V}=16\ \text{V}$$

根据换路定则，有

$$i_L(0_+)=i_L(0_-)=2\times 10^{-3}\ \text{A}$$

$$u_C(0_+)=u_C(0_-)=16\ \text{V}$$

(2) 由 $t=0_+$ 的等效电路，如图 2.3.1(c) 所示，其中 R_1 和 U_S 支路、R_3 和 $i_L(0_+)$ 支路被短接，电路中有

$$i_C(0_+)=-\frac{u_C(0_+)}{R_2}=-\frac{16}{2\times 10^3}\ \text{A}=-8\times 10^{-3}\ \text{A}$$

$$u_L(0_+) = -i_L(0_+) \times R_3 = -2 \times 10^{-3} \times 8 \times 10^3 \text{ V} = -16 \text{ V}$$

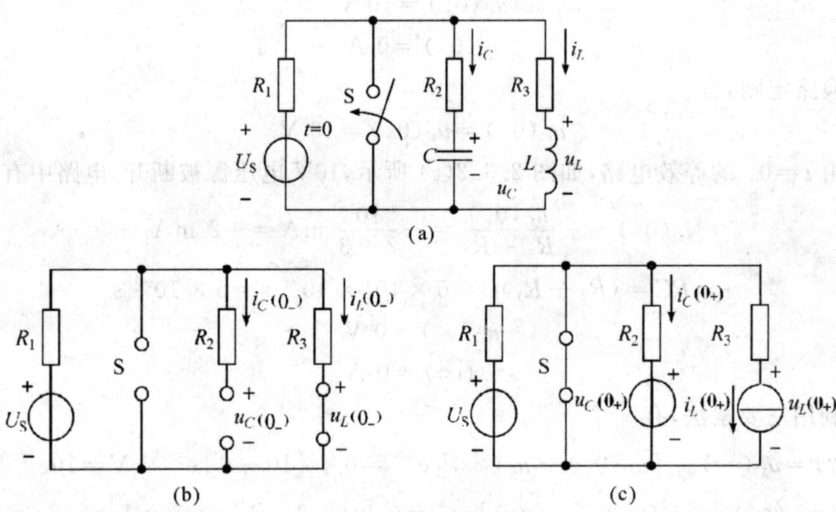

图 2.3.1　习题 2.2 的图

(b) $t = 0_-$；　(c) $t = 0_+$

[**习题 2.3**]　电路如图 2.3.2 所示，已知开关 S 与端点 a 接通期间已达稳态，若在 $t=0$ 时将 S 合至端点 b。试：

(1) 写出 u_C 及 i 的表达式，并画出其随时间的变化曲线；

(2) 求 u_C 衰减到 5 V，3.68 V 时各需多少时间？

(3) 求 S 合至端点 b 的瞬间，电容器的储能是多少？电容放电过程中，电阻耗能又是多少？

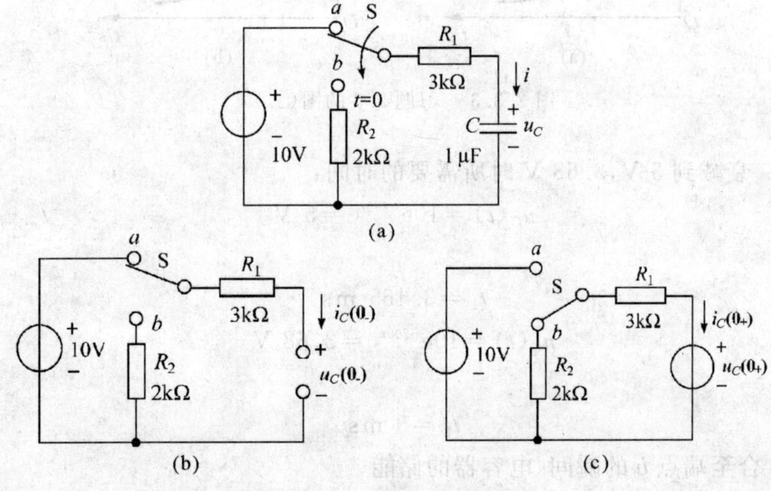

图 2.3.2　习题 2.3 的图(一)

(b) $t = 0_-$；　(c) $t = 0_+$

解 (1) 由 $t=0_-$ 的等效电路，如图 2.3.2(b) 所示，则有

$$u_C(0_-)=10\ \text{V}$$

$$i_C(0_-)=0\ \text{A}$$

根据换路定则，有

$$u_C(0_+)=u_C(0_-)=10\ \text{V}$$

由 $t=0_+$ 的等效电路，如图 2.3.2(c) 所示，10V 电压源被断开，电路中有

$$i_C(0_+)=-\frac{u_C(0_+)}{R_1+R_2}=-\frac{10}{2+3}\ \text{mA}=-2\ \text{mA}$$

$$\tau=RC=(R_2+R_1)C=5\times10^3\times10^{-6}\ \text{s}=5\times10^{-3}\ \text{s}$$

$$u_C(\infty)=0\ \text{V}$$

$$i_C(\infty)=0\ \text{A}$$

利用三要素法，有

$$u_C(t)=u_C(\infty)+[u_C(0_+)-u_C(\infty)]\,\text{e}^{-\frac{t}{\tau}}=0+[10-0]\,\text{e}^{-\frac{t}{0.005}}\ \text{V}=10\text{e}^{-200t}\ \text{V}$$

$$i_C(t)=i_C(\infty)+[i_C(0_+)-i_C(\infty)]\,\text{e}^{-\frac{t}{\tau}}=0+[-2-0]\,\text{e}^{-\frac{t}{0.005}}\ \text{mA}=-2\text{e}^{-200t}\ \text{mA}$$

或者利用电容两端电压和流过电流的关系，也可以由电压表达式直接求得电流：

$$i_C(t)=C\frac{\text{d}u_C(t)}{\text{d}t}=10^{-6}\times\frac{\text{d}10\text{e}^{-200t}}{\text{d}t}=2\text{e}^{-200t}\ \text{mA}$$

u_C 及 i 随时间变化的曲线如图 2.3.3(a)，2.3.3(b) 所示。

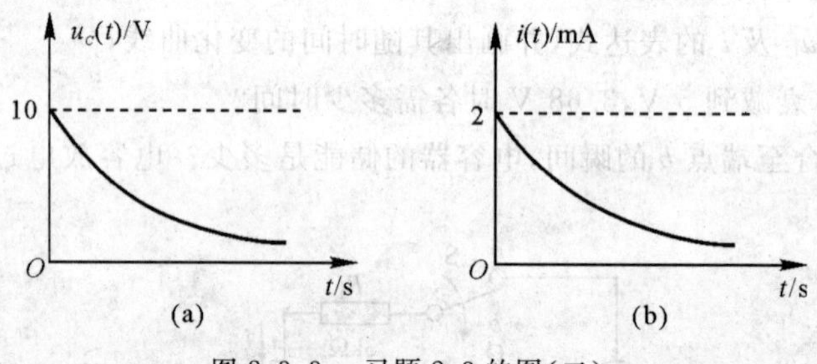

图 2.3.3 习题 2.3 的图(二)

(2) u_C 衰减到 5 V，3.68 V 时所需要的时间：

$$u_C(t)=10\text{e}^{-200t_1}=5\ \text{V}$$

可得

$$t_1=3.465\ \text{ms}$$

$$u_C(t)=10\text{e}^{-200t_2}=3.68\ \text{V}$$

可得

$$t_2=5\ \text{ms}$$

(3) S 合至端点 b 的瞬间，电容器的储能

$$W_C=\frac{1}{2}Cu_C\ (0_+)^2=\frac{1}{2}\times 10^{-6}\times 10^2\ \text{J}=5\times 10^{-5}\ \text{J}$$

电容放电过程中，电阻耗能等于电容器的储能，即

$$W_R=W_C=5\times 10^{-5}\ \text{J}$$

［习题 2.7］　电路如图 2.3.4(a) 所示，各元件参数如图，当 $t\geqslant 0$ 时，试求：

(1) 电容电压 u_C；

(2) B 点电位 v_B；

(3) A 点电位 v_A。

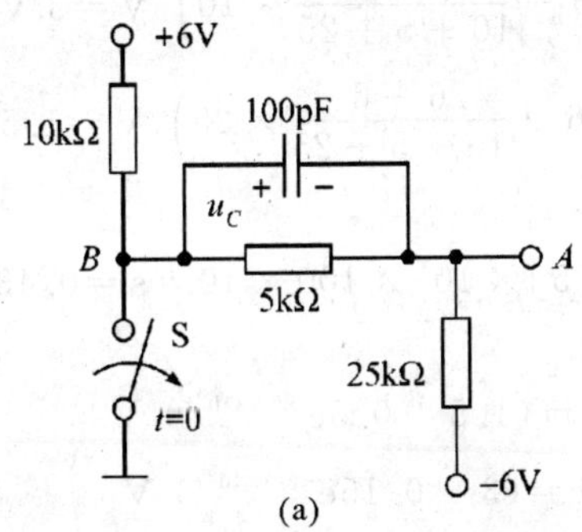

(a)

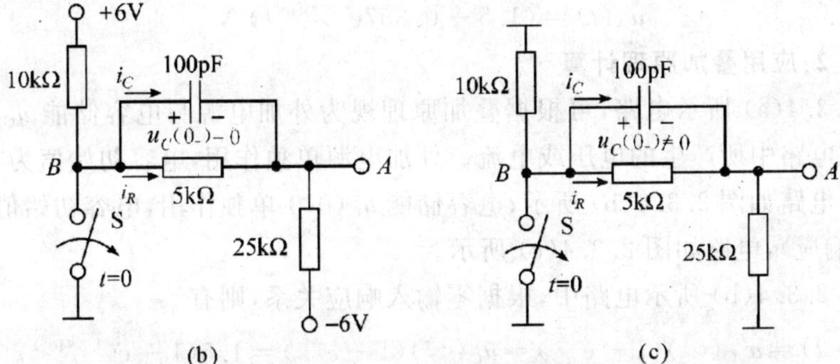

(b)　　(c)

图 2.3.4　习题 2.7 的图

(b)$u_C=0$；　(c)$u_C\neq 0$

解　图 2.3.4(a) 所示电路的暂态过程可以用多种方法求解。

方法 1:应用三要素法计算

(1) 求初始值：

当 $t=0_-$ 时，开关 S 闭合，电容 C 开路，则有

$$u_C(0_-)=\frac{6}{5+25}\times 5\ \text{V}=1\ \text{V}$$

根据换路定则，故

$$u_C(0_+)=u_C(0_-)=1\ \text{V}$$

当 $t=0_+$ 时，开关 S 断开，电容 C 等效为电压源，则

$$u_B(0_+)=\left(6-\frac{6+6-1}{10+25}\times 10\right)\ \text{V}=\frac{20}{7}\ \text{V}$$

$$u_A(0_+)=u_B(0_+)-1=\left(\frac{20}{7}-1\right)\ \text{V}=\frac{13}{7}\ \text{V}$$

(2) 开关 S 断开后，电路进入稳定状态，电容 C 开路，则

$$u_C(\infty)=\frac{6+6}{10+5+25}\times 5\ \text{V}=1.5\ \text{V}$$

$$u_B(\infty)=\left(6-\frac{6+6}{10+5+25}\times 10\right)\ \text{V}=3\ \text{V}$$

$$u_A(\infty)=\left(-6+\frac{6+6}{10+5+25}\times 25\right)\ \text{V}=1.5\ \text{V}$$

(3) 求时间常数：

$$\tau=RC=[(10+25)\ /\!/\ 5]\times 10^3\times 100\times 10^{-12}\ \text{s}=0.437\ 5\times 10^{-6}\ \text{s}$$

(4) 根据三要素法，可得

$$u_C(t)=(1.5-0.5\text{e}^{2.3\times 10^6 t})\ \text{V}$$

$$u_B(t)=(3-0.15\text{e}^{-2.3\times 10^6 t})\ \text{V}$$

$$u_A(t)=(1.5+0.357\text{e}^{-2.3\times 10^6 t})\ \text{V}$$

方法 2：应用叠加原理计算

图 2.3.4(a) 所示电路，可根据叠加原理视为外加电源与电容储能 $u_C(0_-)$ 共同作用在电路中所产生的电压或电流。外加电源单独作用，电容初始值为零(零状态响应)，电路如图 2.3.4(b) 所示；电容储能 $u_C(0_-)$ 单独作用，电容初始值不为零(零输入响应)，电路如图 2.3.4(c) 所示。

在图 2.3.4(b) 所示电路中，根据零输入响应关系，则有

$$u'_C(t)=u'_C(\infty)(1-\text{e}^{-\frac{t}{\tau}})=u_C(\infty)(1-e^{-\frac{t}{\tau}})=1.5(1-\text{e}^{-2.3\times 10^6 t})\ \text{V}$$

在图 2.3.4(c) 所示电路中，根据零状态响应关系，则有

$$u''_C(t)=u''_C(0_+)\text{e}^{-\frac{t}{\tau}}=u_C(0_+)\text{e}^{-\frac{t}{\tau}}=\text{e}^{-2.3\times 10^6 t}\ \text{V}$$

所以，电容电压为

$$u_C(t)=u'_C(t)+u''_C(t)=(1.5-0.5\text{e}^{-2.3\times 10^6 t})\ \text{V}$$

电容和 5 kΩ 支路的电流分别为

$$i_C(t)=C\frac{\text{d}u_C(t)}{\text{d}t}=100\times 10^{-12}\times 1.15\times 10^6\times \text{e}^{-2.3\times 10^6 t}\ \text{A}=$$

$$0.115\text{e}^{-2.3\times 10^6 t}\ \text{mA}$$

$$i_R(t)=\frac{u_C(t)}{R}=\left(\frac{1.5-0.5\text{e}^{-2.3\times 10^6 t}}{5}\right)\ \text{mA}=(0.3-0.1\text{e}^{-2.3\times 10^6 t})\ \text{mA}$$

所以，由图 2.3.4(a) 所示电路，可得

$$u_A(t)=-6+(i_C(t)+i_R(t))\times 25=(1.5+0.357e^{-2.3\times 10^6 t})\ \text{V}$$

$$u_B(t)=6-(i_C(t)+i_R(t))\times 10=(3-0.15e^{-2.3\times 10^6 t})\ \text{V}$$

［习题 2.8］　图 2.3.5(b)所示电路中，已知 $R_1=2\ \Omega$，$R_2=1\ \Omega$，$L_1=0.01\text{H}$，$L_2=0.02\text{H}$，$U=6\ \text{V}$。试求：

(1) 开关 S_1 闭合后各支路电流的变化规律，设 S_1 闭合前电路已处于稳态；

(2) 开关 S_1 闭合，电路稳定后再将 S_2 闭合，i_1，i_2 的变化规律。

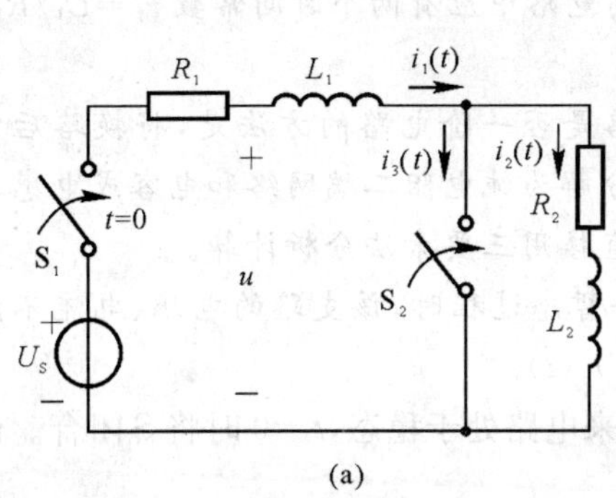

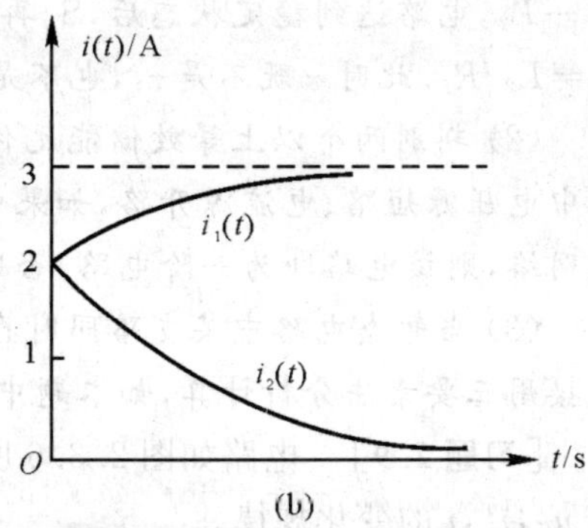

图 2.3.5　习题 2.8 的图

解　(1) 当 $t=0$，S_1 闭合时，有

$$i_1(0_+)=i_2(0_+)=i_1(0_-)=i_2(0_-)=0\ \text{A}$$

$$i_1(\infty)=i_2(\infty)=\frac{U}{R_1+R_2}=\frac{6}{2+1}\ \text{A}=2\ \text{A}$$

$$\tau=\frac{L}{R}=\frac{L_1+L_2}{R_1+R_2}=\frac{0.01+0.02}{2+1}\ \text{s}=0.01\ \text{s}$$

所以

$$i_1(t)=i_2(t)=2(1-e^{-100t})\ \text{A}$$

(2) 电路稳定后 $i_1(0_+)=i_2(0_+)=I_0=2\ \text{A}$，闭合 S_2，则

$$i_1(0_+)=i_2(0_+)=i_1(0_-)=i_2(0_-)=2\ \text{A}$$

$$i_1(\infty)=\frac{U}{R_1}=\frac{6}{2}\ \text{A}=3\ \text{A}$$

$$i_2(\infty)=0\ \text{A}$$

$$\tau_1=\frac{L_1}{R_1}=\frac{0.01}{2}\ \text{s}=\frac{1}{200}\ \text{s}$$

$$\tau_2=\frac{L_2}{R_2}=\frac{0.02}{1}\ \text{s}=0.02\ \text{s}$$

所以

$$i_1(t)=\left[3+(2-3)e^{-\frac{t}{\tau_1}}\right]\ \text{A}=(3-e^{-200t})\ \text{A}$$

$$i_2(t)=2e^{-\frac{t}{\tau_2}}=2e^{-50t}\ \text{A}$$

闭合 S_2 后，其电流为

$$i_3(t)=i_1(t)-i_2(t)=(3-e^{-200t}-2e^{-50t})\ \text{A}$$

电流 $i_1(t)$，$i_2(t)$ 的变化曲线如图 2.3.5(b) 所示。

注意：

(1) 电路中时间常数 τ 的计算。在 $t=0$ 时，S_1 闭合，则电路中的等效电感 $L=L_1+L_2$，电路达到稳定状态后，S_2 再闭合，则电路中应有两个时间常数 $\tau_1=L_1/R_1$，$\tau_2=L_2/R_2$，此时 τ 既不是 τ_1，也不是 τ_2。

(2) 判别两个以上等效储能元件的电路是否一阶电路的方法是，将换路后电路中电压源短路、电流源开路，如果电路可分解为纯电阻二端网络和电容或电感二端网络，则该电路即为一阶电路，否则不能直接用三要素法分析计算。

(3) 当暂态电路中某支路同时存在多个暂态过程时，该支路的电压、电流不能直接用三要素法分析计算，如本题中的电流 $i_3(t)$。

[习题 2.9] 电路如图 2.3.6 所示，原来电路处于稳态，$t=0$ 时将 S 闭合。试求 u_C，i_L，i 的变化规律。

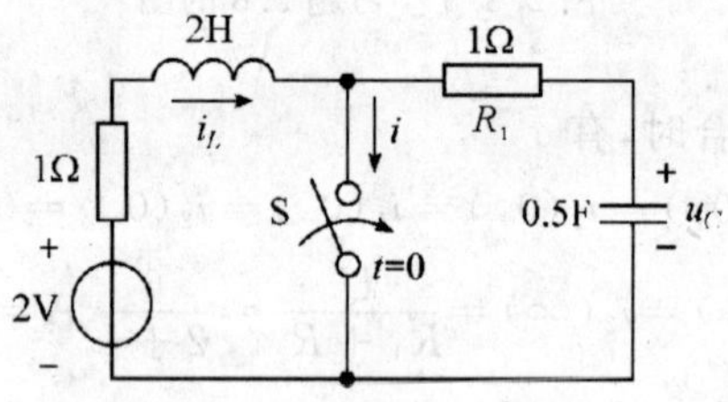

图 2.3.6 习题 2.9 的图(一)

解 (1) 由于电路在 $t=0_-$ 时是稳定的，则

$$i_C(0_-)=i_L(0_-)=0\ \text{A}$$
$$u_C(0_-)=U=2\ \text{V}$$

根据换路定则有

$$u_C(0_+)=u_C(0_-)=2\ \text{V}$$
$$i_L(0_+)=i_L(0_-)=0\ \text{A}$$

$t=0$ 时开关 S 闭合，稳定值为

$$u_C(\infty)=0\ \text{V}$$

$$i_L(\infty)=\frac{U}{R_1}=\frac{2}{1}\ \text{A}=2\ \text{A}$$

$$\tau_1=\frac{L}{R_1}=\frac{2}{1}\ \text{s}=2\ \text{s}$$

$$\tau_2=R_2C=1\times0.5\ \text{s}=0.5\ \text{s}$$

所以

$$i_L(t)=2(1-e^{-\frac{t}{\tau_1}})=2(1-e^{-0.5t})\ \text{A}$$

$$u_C(t)=2e^{-\frac{t}{\tau_2}}=2e^{-2t}\ \text{V}$$

$$i_C(t)=C\frac{du_C(t)}{dt}=-2e^{-2t}\ \text{A}$$

$$i(t)=i_L(t)-i_C(t)=[2(1-e^{-0.5t})+2e^{-2t}]\ \text{A}$$

注意：

(1) 电路中虽然有两个等效的储能元件 L 和 C，但电路在 $t=0_-$ 时是稳定的，在 $t=0$ 时，S 闭合后，则将两个储能元件分别划分在两个独立的一阶电路中，该电路实质上是求两个一阶电路。

(2) $u_C(t)$，$i_L(t)$ 的变化曲线如图 2.3.7(a)(b) 所示。因为

$$i(0)=2\ \text{A}$$

$$i(\infty)=2\ \text{A}$$

由 $\frac{di(t)}{dt}=0$ 可知，$t=0.924$ s 时，$i=1.05$ A。故 $i(t)$ 的变化曲线如图 2.3.7(c) 所示。

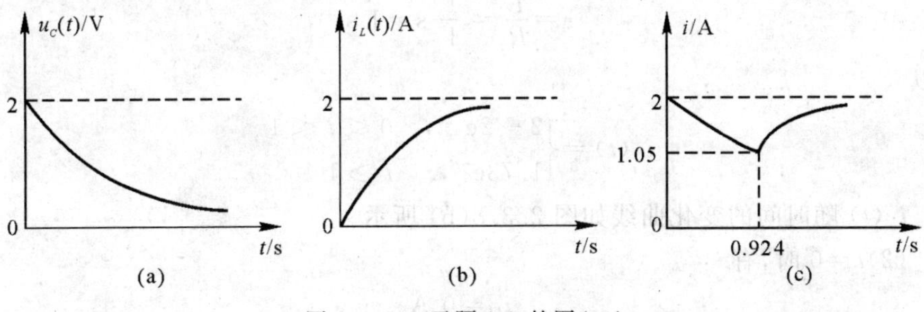

图 2.3.7　习题 2.9 的图(二)

[**习题 2.10**]　电路如图 2.3.8(a) 所示，已知线圈中在 $t<0$ 时没有储存能量。若在 $t=0$ 时将开关 S_1 闭合，经 1 s 后再闭合 S_2。要求：

(1) 计算 i_L，并画出其随时间的变化曲线；

(2) 计算 $t=0$，$t=1$ s 和 $t=\infty$ 时电感线圈中电流的大小。

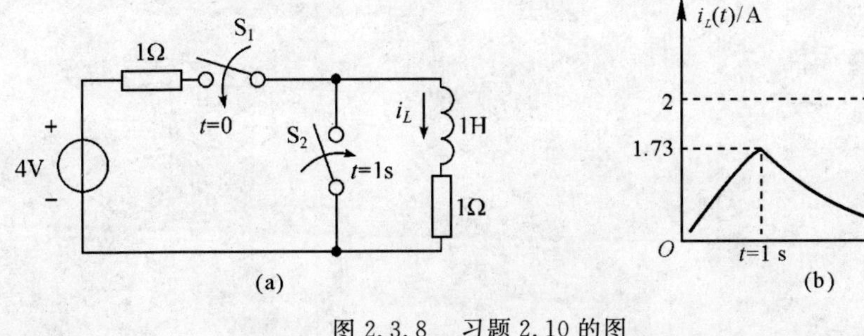

图 2.3.8　习题 2.10 的图

解 (1) 在 $t<0$ 时没有储存能量，则

$$i_L(0_-)=0\ \text{A}$$

根据换路定则，有

$$i_L(0_+)=i_L(0_-)=0\ \text{A}$$

S_1 闭合后，则

$$i_L(\infty)=\frac{4}{1+1}\ \text{A}=2\ \text{A}$$

时间常数 τ 为

$$\tau=\frac{L}{R}=\frac{1}{1+1}\ \text{s}=0.5\ \text{s}$$

$$i_L(t)=i_L(\infty)+(i_L(0_+)-i_L(\infty))\text{e}^{-\frac{t}{\tau}}=(2-2\text{e}^{-2t})\ \text{A},\quad 0\leqslant t\leqslant 1$$

当 $t=1$ s 时，S_2 闭合，则

$$i_L(1)=2-2\text{e}^{-2}=1.73\ \text{A}$$

$$i_L(1_+)=i_L(1_-)=i_L(1)=1.73\ \text{A}$$

$$i_L(\infty)=0\ \text{A}$$

$$\tau=\frac{L}{R}=\frac{1}{1}\ \text{s}=1\ \text{s}$$

所以

$$i_L(t)=\begin{cases}2-2\text{e}^{-2t}, & 0\leqslant t\leqslant 1\\ 1.73\text{e}^{-t}, & t\geqslant 1\end{cases}$$

$i_L(t)$ 随时间的变化曲线如图 2.3.8(b) 所示。

(2) $t=0$ 时，有

$$i_L=0\ \text{A}$$

$t=1$ s 时，有

$$i_L=1.73\ \text{A}$$

$t=\infty$ 时，有

$$i_L=0\ \text{A}$$

第3章　正弦交流电路

3.1　基本要求

(1) 理解正弦量的特征及其各种表示方法；

(2) 理解电路基本定律的相量形式及阻抗；

(3) 熟练掌握计算正弦交流电路的相量分析方法，以及相量图的绘制；

(4) 掌握有功功率和功率因数的计算；

(5) 了解瞬时功率、无功功率和视在功率的概念，以及正弦交流电路的频率特性，串、并联谐振的条件及特征；

(6) 了解提高功率因数的意义和方法；

(7) 了解三相电源的产生和连接；

(8) 掌握三相四线制中单相与三相负载的正确连接，了解中线的作用；

(9) 掌握相(线)电压、相(线)电流在对称负载中的关系；

(10) 掌握三相对称电路电压、电流和功率的计算方法；

(11) 了解非正弦周期交流电路基本概念、平均值和有效值计算方法；

(12) 了解安全用电基本知识；

(13) 了解保护接地和保护接零的意义和方法。

3.2　学习指导

本章主要讨论单相电压下不同结构和参数时的正弦交流电路中电压和电流间的关系和功率，三相电压下对称负载电压电流关系和功率计算。所谓正弦交流电路，是指含有正弦电源(激励)且在电路各部分产生的电压和电流(响应)均按正弦规律变化的电路。注意区分交流电路和直流电路在概念、表达和分析方法的异同，建立相位、相量的概念，理解电容和电感在交流电路中的作用。重点在于掌握正弦交流电路中的相位关系和相量分析方法，三相对称负载计算。

3.2.1　正弦量的三要素

正弦量的三要素是指其幅值(有效值)、(角)频率和初相位。

(1) 幅值(有效值)表示正弦量的大小。有效值是从交流电流与直流电流具有相等热效应的观点引出的。有效值用来表示正弦量的大小，通常所讲正弦电压或电流的大小，就是指它们的有效值。对于正弦量则有

$$I=\frac{I_{\mathrm{m}}}{\sqrt{2}}$$

$$U=\frac{U_{\mathrm{m}}}{\sqrt{2}}$$

$$E=\frac{E_{\mathrm{m}}}{\sqrt{2}}$$

(2) 频率 f、周期 T 和角频率 ω 表示正弦量变化的快慢，三者间关系为

$$\omega=2\pi f=\frac{2\pi}{T}$$

(3) 初相位是确定 $t=0$ 时正弦量的初始值，相位则反映了正弦量的变化进程，相位差是两个同频率正弦量的相位之差，在数值上相位差就等于初相位之差，用 φ 表示，例如

$$u=U_{\mathrm{m}}\sin(\omega t+\varphi_1)$$

$$i=I_{\mathrm{m}}\sin(\omega t+\varphi_2)$$

则电压与电流的相位差为

$$\varphi=\varphi_1-\varphi_2$$

要注意的是：

1) 当 $\varphi=\varphi_1-\varphi_2=0$ 时，表示电压和电流相位相同，亦称电压和电流同相。

2) 当 $\varphi=\varphi_1-\varphi_2>0$ 时，表示电压超前电流 φ 角，或称电流滞后电压 φ 角。

3) 当 $\varphi=\varphi_1-\varphi_2<0$ 时，表示电流超前电压 φ 角，或称电压滞后电流 φ 角。

4) 当 $\varphi=\varphi_1-\varphi_2=\pm180^\circ$ 时，表示电压和电流相位相反，称为反相。

3.2.2 正弦交流电的表示

正弦交流电的表示可有以下几种方法：

(1) 三角函数式(瞬时表达式)，如 $u=U_{\mathrm{m}}\sin(\omega t+\varphi_1)$。

(2) 正弦(或余弦)波形，如图 3.2.1(a) 所示。

(3) 相量表示，如 $\dot{U}=U\underline{/\varphi_1}$。

(4) 相量图表示，如图 3.2.1(b) 所示为图 3.2.1(a) 所示电压与电流的相量图。

注意：几种表示方法之间可以互相变换。但相量只是表示正弦量，而不是等于正弦量，如 $i=I_{\mathrm{m}}\sin(\omega t+\varphi_2)\neq I\underline{/\varphi_2}$。

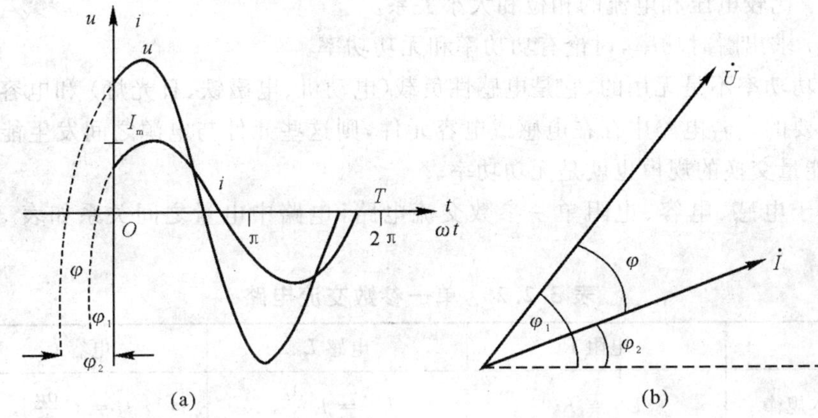

图 3.2.1　正弦量的波形与相量图

3.2.3　正弦量的相量表示法

正弦量的相量表示实质上就是用复数表示正弦量。为与一般的复数相区别，将表示正弦量的复数称为相量。复数的模即为正弦量的幅值或有效值，复数的辐角即为正弦量的初相位。正弦量的相量表示如表 3.2.1 所示。

表 3.2.1　正弦量的相量式

	三角函数式	相量的极坐标式	相量的直角坐标式
电　压	$u=\sqrt{2}U\sin\omega t$	$\dot{U}=U\angle 0^\circ$	$\dot{U}=U(\cos0^\circ+\mathrm{j}\sin0^\circ)$
电　流	$i=\sqrt{2}I\sin(\omega t+30^\circ)$	$\dot{I}=I\angle 30^\circ$	$\dot{I}=I(\cos30^\circ+\mathrm{j}\sin30^\circ)$
电动势	$e=\sqrt{2}I\sin(\omega t-30^\circ)$	$\dot{E}=E\angle -30^\circ$	$\dot{E}=E(\cos30^\circ-\mathrm{j}\sin30^\circ)$

值得注意的是：

(1) 正弦量与正弦量的相量间为对应关系，不是“相等”或“等效”关系。

(2) 相量表示法是分析计算正弦交流电路的一种辅助数学工具，可使正弦量的数学运算更为简便，且只适应于同频率的正弦量的分析计算。

(3) 相量表示分为有效值相量($\dot{U}$,$\dot{I}$) 和幅值相量($\dot{U}_m$,$\dot{I}_m$)。

3.2.4　单一参数的交流电路

对于单一参数的交流电路分析方法是相同的，即

(1) 列出电压电流瞬时值的关系式。

(2) 设电压(或电流) 为参考正弦量，而后根据电压与电流关系求得电流(或电压)，并用三角函数式、正弦波形图、相量图和相量式表示。

(3) 比较电压和电流的相位和大小关系。

(4) 求出瞬时功率，讨论有功功率和无功功率。

无功功率不是无用的，它是电感性负载（电动机、电磁铁、日光灯）和电容性负载所需要的。若电路中存在电感或电容元件，则这些元件与电源之间发生能量交换，而能量交换的规模也就是无功功率。

对于电感、电容、电阻单一参数交流电路，电路中电量之间关系如表 3.2.2 所示。

表 3.2.2　单一参数交流电路

	电阻 R	电感 L	电容 C
基本规律	$U_R = Ri$	$U_L = L\dfrac{di}{dt}$	$i = C\dfrac{du}{dt}$
直流电路	$U_R = RI$	相当于短路	相当于开路
电阻或电抗	R	$X_L = \omega L = 2\pi fL$	$X_C = \dfrac{1}{\omega C} = \dfrac{1}{2\pi fC}$
有效值关系	$U_R = RI$	$U_L = X_L I$	$U_C = X_C I$
相位关系	u_R 和 i 同相	u_L 超前 i 90°	u_C 滞后 i 90°
相量关系	$\dot{U}_R = R\dot{I}$	$\dot{U}_L = jX_L\dot{I}$	$\dot{U}_C = -jX_C\dot{I}$
相量图	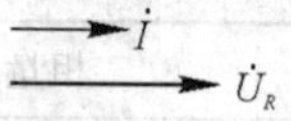	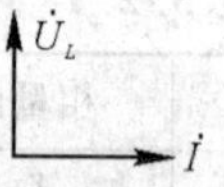	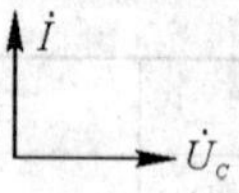
有功功率	$P_R = IU_R$	$P_L = 0$	$P_C = 0$
无功功率	$Q_R = 0$	$Q_L = IU_L$	$Q_C = -IU_C$

3.2.5　*RLC* 串联交流电路

1. 电压与电流关系

如果设电流为参考正弦量，即 $i = I_m \sin\omega t$，根据 KVL 有

$$u = u_R + u_L + u_C$$

其相量表示形式为

$$\dot{U} = \dot{U}_R + \dot{U}_L + \dot{U}_C$$

则电路复阻抗为

$$Z = \frac{\dot{U}}{\dot{I}} = R + jX = R + j(X_L - X_C) = |Z|\angle\varphi$$

式中，阻抗值 $|Z| = \sqrt{R^2 + X^2}$，阻抗角 $\varphi = \arctan\dfrac{X}{R} = \arctan\dfrac{X_L - X_C}{R}$。

讨论：

当 $\varphi > 0$ 时，电路呈电感性，i 滞后于 u。

当 $\varphi < 0$ 时，电路呈电容性，i 超前于 u。

当 $\varphi = 0$ 时，电路呈电阻性，i 与 u 同相。

电压和阻抗三角形如图 3.2.2(a) 和图 3.2.2(b) 所示。

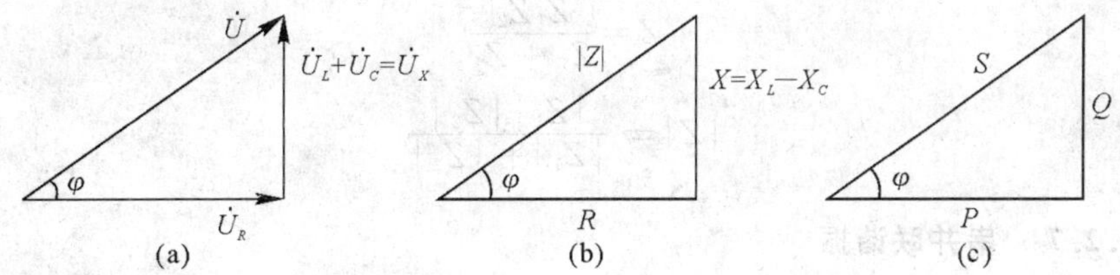

图 3.2.2　*RLC* 串联电路电压、电阻和功率三角形

2. 功率关系

平均功率(亦称有功功率) P 是指瞬时功率在一个周期内的平均值。即电路中电阻上消耗的功率为

$$P = \frac{1}{T}\int_0^T p\,\mathrm{d}t = \frac{1}{T}\int_0^T ui\,\mathrm{d}t = UI\cos\varphi$$

式中，$\cos\varphi$ 称为功率因数。

无功功率 Q 是指电源与电感、电容元件间能量交换的规模。*RLC* 串联电路的无功功率为

$$Q = (U_L - U_C)I = (X_L - X_C)I^2 = UI\sin\varphi$$

视在功率 S 是指电路中总电压与总电流有效值的乘积。即

$$S = UI = |Z|I^2$$

RLC 串联电路功率三角形如图 3.2.2(c) 所示。三种功率虽然单位不同，但是量纲相同。

注意：通常铭牌数据或测量的功率均指有功功率；视在功率用来表示某些电气的容量，一般电气设备用 $S_N = U_N I_N$ 表示发电机、变压器等供电设备的容量，可用来衡量发电机、变压器可能提供的最大有功功率。

复杂直流电路中所讨论过的分析方法均可用于复杂正弦交流电路，但应注意：

(1) 电压和电流均以相量表示。

(2) 电阻、电感和电容及其组成的电路均以阻抗表示。

(3) 相量表示法只适用于同频率的正弦量的分析计算。

3.2.6　阻抗的串联和并联

交流电路中阻抗串并联公式与直流电路中电阻串并联公式形式上是一致的。

但是要注意的是:应用串并联公式求解等效阻抗,而不是阻抗模的简单串并联。

两个阻抗串联,则有

$$Z = Z_1 + Z_2$$

$$|Z| \neq |Z_1| + |Z_2|$$

两个阻抗并联,则有

$$Z = \frac{Z_1 Z_2}{Z_1 + Z_2}$$

$$|Z| \neq \frac{|Z_1||Z_2|}{|Z_1| + |Z_2|}$$

3.2.7 串并联谐振

谐振是指通过改变电源的频率或改变电路的参数使得交流电路中电路的总电压和总电流同相位。其广泛应用于通信、无线电工程的选频、滤波等技术中。

不论串联谐振还是并联谐振,应讨论其谐振条件、特征和应用,比较两者之间的异同。发生谐振时,电路均呈现电阻性,谐振频率接近相等。串联谐振时,电路阻抗最小,电路总电流则最大,同时电感和电容上的电压是电源电压的Q倍。并联谐振时,电路阻抗较大,电路总电流较小,各线圈和电容支路电流是总电流的Q倍。Q为谐振时感抗或容抗与电阻的比值,称为品质因数。Q过大,可能导致电路中出现过流或过压损毁设备。

3.2.8 功率因数的提高

功率因数为$\cos\varphi = \frac{P}{S}$。电路中如果功率因数较低时,会增加线路的功率损耗,降低供电质量,电源的供电能力得不到充分利用。

通常采用并联电容的方法提高感性电路的功率因数,感性电路并联电容后,平均功率P保持不变,电源提供的电流减小,视在功率S下降。无功功率Q下降,电源带负载的能力提高。并联电容为

$$C = \frac{P}{\omega U^2}(\tan\varphi_1 - \tan\varphi_2)$$

式中 P—— 感性负载的有功功率;

U—— 电源电压;

φ_1—— 并联电容前电源电压与电流的相位差;

φ_2—— 并联电容后电源电压与电流的相位差。

3.2.9 三相交流电的产生

三相交流电源由三相交流发电机产生,发电机的定子中三相绕组的各首端(或

末端）之间的位置（或空间）互差120°。当转子由汽轮机（或水轮机）拖动旋转时，则在定子绕组中产生三相感应电动势e_A，e_B，e_C，彼此在相位上互差120°，且$e_A + e_B + e_C = 0$，经输电网、变压器分配到用户。在我国的低压用电系统中，普遍采用380/220 V的三相四线制供电，即为用户提供380 V的线电压和220 V的相电压。

3.2.10　三相电路负载连接

三相对称负载是指各相的复阻抗相等，$Z_A = Z_B = Z_C$，也称为三相对称电路。三相电源和三相负载可连接成Y形或△形。在负载对称时，对于Y形连接则有$I_l = I_p$，$U_l = \sqrt{3}U_p$；对于△形连接则有$I_l = \sqrt{3}I_p$，$U_l = U_p$。

3.2.11　三相交流电路的计算

(1) 对于三相交流电路，计算时应一相一相计算。负载对称的三相交流电路，只需计算一相即可，其余各相可按彼此的相位关系依次写出结果。

(2) 用三相电压和电流的相位关系画出三相电路的相量图，在画相量图时应先画出三相对称电源相电压$\dot{U}_A$，$\dot{U}_B$，$\dot{U}_C$或线电压$\dot{U}_{AB}$，$\dot{U}_{BC}$，$\dot{U}_{CA}$，然后再一相一相画出电压和电流的相量图，画相量图时要注意各量的方向和相序。

(3) 对于不对称星形连接的负载，中线的作用使负载的相电压对称，但由于负载的不对称，则负载各相的相电流不再对称，因此中线的电流不为零。如果断开中线就有可能出现有的相电压过高，使负载毁坏；有的相因相电压过低，使负载不能正常工作。

(4) 三相电路中负载对称时各功率分别为

$$P = \sqrt{3}U_l I_l \cos\varphi = 3U_p I_p \cos\varphi$$

$$Q = \sqrt{3}U_l I_l \sin\varphi = 3U_p I_p \sin\varphi$$

$$S = \sqrt{3}U_l I_l = 3U_p I_p$$

式中，φ为相电流与相电压间的相位差。

(5) 无论三相电路是否对称，下述各关系式总成立，即

$$P = P_A + P_B + P_C$$

$$Q = Q_A + Q_B + Q_C$$

$$S = \sqrt{P^2 + Q^2}$$

3.2.12　非正弦周期交流电路的有效值和平均值

(1) 任何非正弦周期交流电流、电压的有效值分别为

$$I = \sqrt{I_0^2 + I_1^2 + I_2^2 + \cdots}$$

$$U = \sqrt{U_0^2 + U_1^2 + U_2^2 + \cdots}$$

(2) 非正弦周期交流电路的平均功率等于各次谐波平均功率之和,即

$$P = U_0 I_0 + U_1 I_1 \cos\varphi_1 + U_2 I_2 \cos\varphi_2 + U_3 I_3 \cos\varphi_3 + \cdots$$

3.2.13 触电对人体的危害

(1) 触电对人体的危害程度与人体的电阻大小(通常约为 $10^4 \sim 10^5\ \Omega$,最低约为 $800 \sim 1\ 000\ \Omega$)、电压、电流、频率和触电的时间有关。

(2) 为保证人体安全,我国规定的安全电压为 36 V,24 V 和 12 V 等。如常用的手提和机床照明灯、便携式电动工具等电压均为 36 V。

(3) 常见的触电方式有:电源中性点接地系统的单相触电(承受相电压);电源中性点不接地系统的单相触电(一相接地,承受线电压);两相触电(承受线电压)。

3.2.14 保护接地和保护接零

(1) 保护接地。在电源中性点不接地的系统中,将电气设备的金属外壳(正常工作时不带电的)接地。

(2) 保护接零。在电源中性点接地的三相四线制系统中,将电气设备的金属外壳接到零线(中性线)。

(3) 重复接地。在中性点接地系统中除保护接零外,将零线相隔一定距离多处进行接地,由于接地电阻的并联,可降低外壳对地电压,达到降低危害程度。

3.3 习题选解

[习题3.3] 图 3.3.1的电路中,设 $i_1 = 100\sin(\omega t + 45^\circ)$(A),$i_2 = 60\sin(\omega t - 30^\circ)$(A)。试求总电流 i。

解 用相量表示电流,可得

$$\dot{I}_{1m} = 100 \angle -45^\circ \text{ A}$$

$$\dot{I}_{2m} = 60 \angle 30^\circ \text{ A}$$

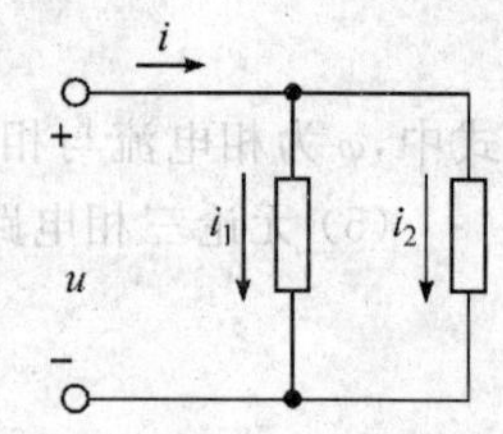

图 3.3.1 习题 3.3 的图

应用 KCL,可得

$$\dot{I}_m = \dot{I}_{1m} + \dot{I}_{2m} = (100 \angle 45^\circ + 60 \angle -30^\circ) \text{ A} =$$
$$[100(\cos 45^\circ + \text{j}\cos 45^\circ) + 60(\cos 30^\circ - \text{j}\sin 30^\circ)] \text{ A} =$$
$$(122.67 + \text{j}40.71) \text{ A} = 130 \angle 18.4^\circ \text{ A}$$

则总电流可表示为

$$i = 130\sin(\omega t + 18.4^\circ) \text{ A}$$

[习题 3.4] 图 3.3.2(a) 为无源二端网络,其电压、电流波形如图 3.3.2 (b) 所示。要求:

(1) 分析该电路是电容性还是电感性?

(2) 写出 u,i 的表达式(设二者频率相同)。

(3) 计算该电路的 $|Z|,\cos\varphi,R,X$。

(4) 计算该电路的各种功率 P,Q 及 S。

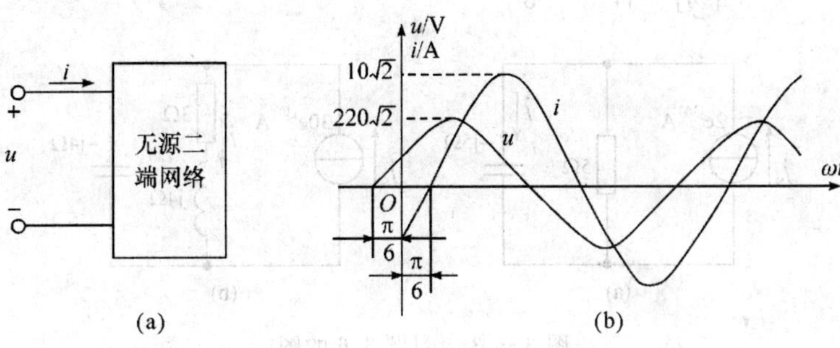

图 3.3.2　习题 3.4 的图

解　(1) 根据图 3.3.2(b) 所示电压和电流波形,可知电压超前电流 60°。电路属于电感性电路。

(2)
$$i=10\sqrt{2}\sin\left(\omega t-\frac{\pi}{6}\right)\ \text{A}$$

$$u=220\sqrt{2}\sin\left(\omega t+\frac{\pi}{6}\right)\ \text{V}$$

(3)
$$|Z|=\frac{U}{I}=\frac{220}{10}\ \Omega=22\ \Omega$$

$$\varphi=\varphi_u-\varphi_i=\frac{\pi}{6}+\frac{\pi}{6}=\frac{\pi}{3}$$

$$\cos\varphi=\cos\frac{\pi}{3}=\frac{1}{2}$$

$$R=|Z|\cos\varphi=22\times\frac{1}{2}\ \Omega=11\ \Omega$$

$$X=|Z|\sin\varphi=22\times\frac{\sqrt{3}}{2}\ \Omega=19\ \Omega$$

(4)
$$P=UI\cos\varphi=220\times10\times\frac{1}{2}\ \text{W}=1\ 100\ \text{W}$$

$$Q=UI\sin\varphi=220\times10\times\frac{\sqrt{3}}{2}\ \text{V}\cdot\text{A}=1\ 905\ \text{V}\cdot\text{A}$$

$$S=UI=220\times10\ \text{V}\cdot\text{A}=2\ 200\ \text{V}\cdot\text{A}$$

[习题 3.6]　试求图 3.3.3(a)(b) 所示电路中的电流 $\dot{I}$。

解　(a) 图中电阻和电容是并联关系,根据电流分流公式,可得

$$\dot{I}=\frac{5}{5-\text{j}5}\dot{I}_\text{S}=\frac{\sqrt{2}}{2}\angle 45^\circ\times2\angle 30^\circ\ \text{A}=\sqrt{2}\angle 75^\circ\ \text{A}$$

(b) 图中电阻和电感是串联关系，其等效电阻和电容是并联关系，根据电流分流公式，可得

$$\dot{I}=\frac{-\mathrm{j}4}{3+4\mathrm{j}-\mathrm{j}4}\dot{I}_{\mathrm{S}}=\frac{4}{3}\angle-90^{\circ}\times 30\angle 30^{\circ}\ \mathrm{A}=40\angle-60^{\circ}\ \mathrm{A}$$

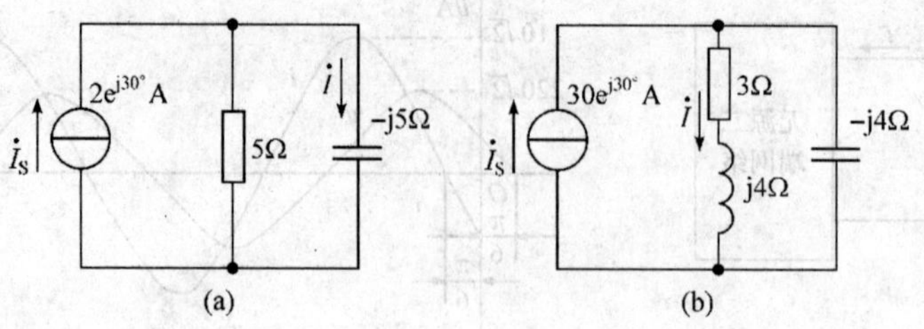

图 3.3.3 习题 3.6 的图

[习题 3.7] 图 3.3.4(a) 表示阻抗 Z 与电阻 R 的串联电路，电压表的读数分别为 $V=20$ V，$V_1=15$ V，$V_2=12$ V，设 $R=12\ \Omega$。试求电路中消耗的有功功率（提示：先作相量图）。

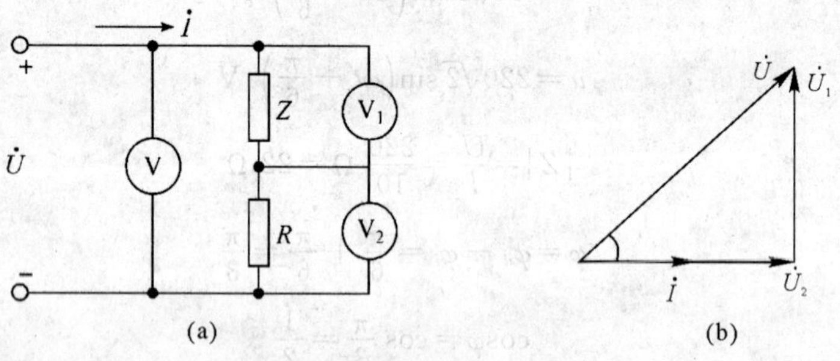

图 3.3.4 习题 3.7 的图

解 假设电流 $\dot{I}$ 为参考相量，即 $\dot{I}=\frac{V_2}{R}\angle 0^{\circ}\ \mathrm{A}=\frac{12}{12}\angle 0^{\circ}\ \mathrm{A}=1\angle 0^{\circ}\ \mathrm{A}$，根据三个电压表读数和电压关系，画出相量图，如图 3.3.4(b) 所示。可得

$$\cos\varphi=\frac{20\times 20+12\times 12-15\times 15}{2\times 20\times 15}=0.664$$

电路中有功功率

$$P=UI\cos\varphi=20\times 1\times 0.664\ \mathrm{W}=13.3\ \mathrm{W}$$

注意：对于电路中有功功率的求解可利用有功功率的公式 $P=UI\cos\varphi$，通过计算功率因数来求解有功功率，而没有必要分别计算电阻 R 和阻抗 Z 所产生的有功功率。

[习题 3.9] 图 3.3.5(a) 所示电路中，$I_1=I_2=10$ A，$U=100$ V，$\dot{U}$ 与 $\dot{I}$ 同相

位。试求 I,R,X_C 及 X_L（提示：用相量法求解）。

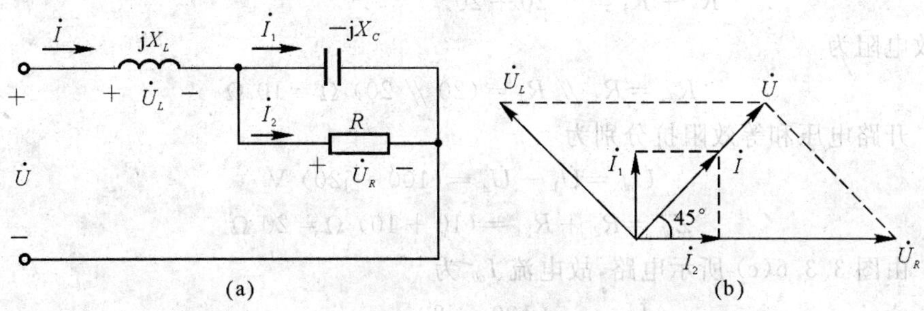

图 3.3.5　习题 3.9 的图

解　设 $\dot{U}_R$ 为参考相量，如图 4.3.5(b) 所示。电流 $\dot{I}_2$ 与 $\dot{U}_R$ 同相，电流 $\dot{I}_1$ 比 $\dot{U}_R$ 超前 90°。因为电流 $I_1=I_2$，故电流 $\dot{I}$ 比 $\dot{U}_R$ 超前 45°，又因 $\dot{I}$ 与 $\dot{U}$ 同相，则 $\dot{U}$ 比 $\dot{U}_R$ 超前 45°。电感端电压 $\dot{U}_L$ 比总电流 $\dot{I}$ 超前 90°，同样 $\dot{U}_L$ 比 $\dot{U}$ 超前 90°。

根据相量图可得

$$I=\sqrt{I_1^2+I_2^2}=\sqrt{10^2+10^2}\ \mathrm{A}=10\sqrt{2}\ \mathrm{A}$$

$$U_L=U=100\ \mathrm{V}$$

$$U_R=\sqrt{U^2+U_L^2}=\sqrt{100^2+100^2}\ \mathrm{V}=100\sqrt{2}\ \mathrm{V}$$

故电路各参数为

$$R=\frac{U_R}{I_2}=\frac{100\sqrt{2}}{10}\ \Omega=10\sqrt{2}\ \Omega$$

$$X_C=\frac{U_R}{I_1}=\frac{100\sqrt{2}}{10}\ \Omega=10\sqrt{2}\ \Omega$$

$$X_L=\frac{U_L}{I_1}=\frac{100}{10\sqrt{2}}\ \Omega=5\sqrt{2}\ \Omega$$

[习题 3.14]　试计算图 3.3.6(a) 所示电路中 ab 支路通过的电流 $\dot{I}_{ab}$ 及其端电压 $\dot{U}_{ab}$（提示：用戴维南定理计算）。

解　该题可用多种方法求解。

方法 1：用戴维南定理求解

求开路电压 $\dot{U}_{ab}$ 时，可对原电路进行等效变换：电路左侧，因 $\dot{I}_S$ 与 R_1 串联，则可等效为 $\dot{I}_S$，将 $\dot{I}_S$ 与 R_2 并联的电流源等效为电压源（电压源的电压为 $\dot{U}_1$）；电路右侧先将 R_4 与 $\dot{U}_S$ 构成的电压源等效为电流源，其内阻为 R_3，将 R_3 与 R_4 并联则为电压源的内阻，再将电流源等效为电压源（电压源的电压为 $\dot{U}_2$，也就是 $\dot{U}_S$ 在 R_3 上的分压）。求开路电压的电路，如图 3.3.6(b) 所示。

在图 3.3.6(b) 所示电路中，可得

$$\dot{U}_1=R_2\dot{I}_S=10\times10\,\underline{/0^\circ}\ \mathrm{V}=100\,\underline{/0^\circ}\ \mathrm{V}$$

$$\dot{U}_2=\frac{R_3}{R_3+R_4}\dot{U}_S=\frac{20}{20+20}\times 40\,\angle 90^\circ\ \text{V}=20\,\angle 90^\circ\ \text{V}$$

等效电阻为

$$R_{34}=R_3\ /\!/\ R_4=(20\ /\!/\ 20)\ \Omega=10\ \Omega$$

开路电压和等效阻抗分别为

$$\dot{U}_{ab}=\dot{U}_1-\dot{U}_2=(100-\text{j}20)\ \text{V}$$

$$Z_{ab}=R_2+R_{34}=(10+10)\ \Omega=20\ \Omega$$

由图 3.3.6(c) 所示电路，故电流 $\dot{I}_{ab}$ 为

$$\dot{I}_{ab}=\frac{\dot{U}_{ab}}{Z_{ab}+\text{j}X_L}=\frac{100-\text{j}20}{20+\text{j}2}\ \text{A}=5.08\,\angle -17^\circ\ \text{A}$$

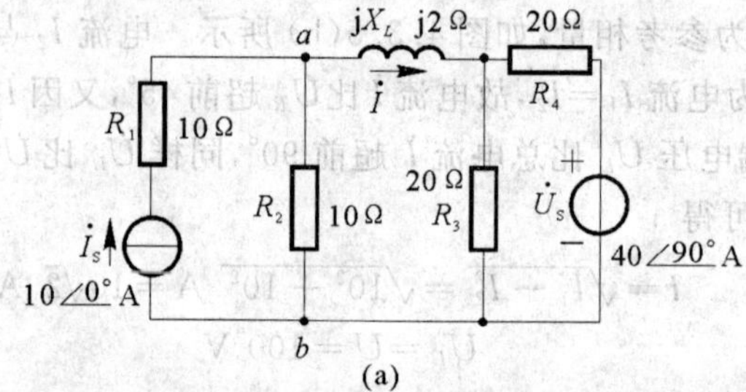

(a)

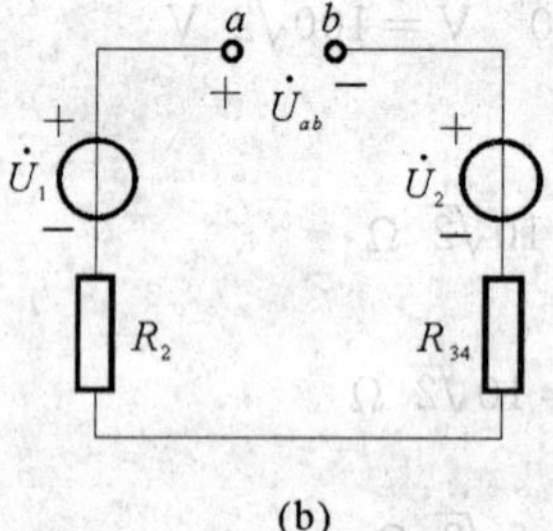

(b)

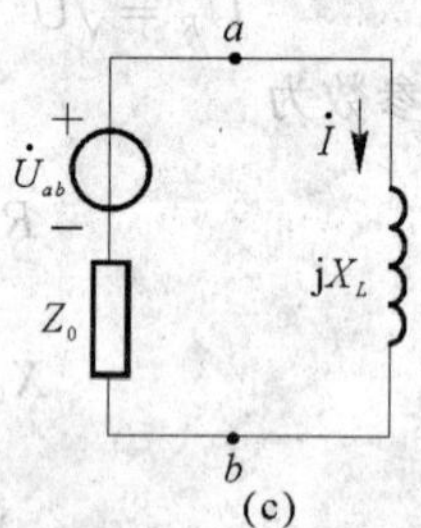

(c)

图 3.3.6　习题 3.14 的图

方法 2：用结点电压法求解

电路中有两个独立结点，则结点方程为

$$\begin{cases}\left(\dfrac{1}{R_2}+\dfrac{1}{\text{j}X_L}\right)\dot{U}_a-\dfrac{1}{\text{j}X_L}\dot{U}_b=\dot{I}_s\\[2ex]-\dfrac{1}{\text{j}X_L}\dot{U}_a+\left(\dfrac{1}{R_3}+\dfrac{1}{R_4}+\dfrac{1}{\text{j}X_L}\right)\dot{U}_b=\dfrac{\dot{U}_S}{R_4}\end{cases}$$

代入具体参数，则有

$$\begin{cases}\left(\dfrac{1}{10}+\dfrac{1}{\text{j}2}\right)\dot{U}_a-\dfrac{1}{\text{j}2}\dot{U}_b=10\,\angle 0^\circ\\[2ex]-\dfrac{1}{\text{j}2}\dot{U}_a+\left(\dfrac{1}{20}+\dfrac{1}{20}+\dfrac{1}{\text{j}2}\right)\dot{U}_b=\dfrac{40\,\angle 90^\circ}{20}\end{cases}$$

联立求解可得

$$\dot{U}_a=(50.6+\mathrm{j}15)\ \mathrm{V}$$

$$\dot{U}_b=(47.6+\mathrm{j}5.4)\ \mathrm{V}$$

电压 $\dot{U}_{ab}$ 为

$$\dot{U}_{ab}=\dot{U}_a-\dot{U}_b=[(50.6+\mathrm{j}15)-(47.6+\mathrm{j}5.4)]\ \mathrm{V}=10.15\angle 73^\circ\ \mathrm{V}$$

电流 $\dot{I}_{ab}$ 为

$$\dot{I}_{ab}=\frac{\dot{U}_{ab}}{\mathrm{j}X_L}=\frac{10.15\angle 73^\circ}{\mathrm{j}2}\ \mathrm{A}=\frac{10.15\angle 73^\circ}{2\angle 90^\circ}\ \mathrm{A}=5.08\angle -17^\circ\ \mathrm{A}$$

［习题 3.15］　图 3.3.7(a) 所示电路中，已知 $\dot{U}_\mathrm{S}=10\angle 0^\circ\ \mathrm{V}$，$R_1=R_2=5\ \Omega$，$R_3=R_4=2\ \Omega$，$X_L=2\ \Omega$，$X_C=5\ \Omega$。试求电路中的电压 $\dot{U}_{AB}$。

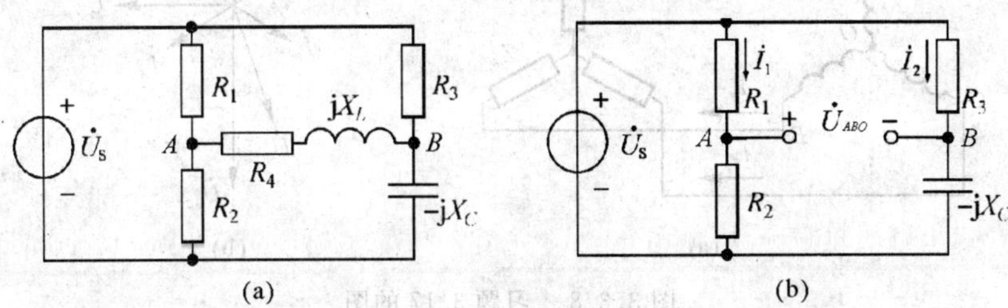

图 3.3.7　习题 3.15 的图

解　用戴维南定理求解。

(1) 求开路电压 $\dot{U}_{ABO}$。

根据图 3.3.7(b) 所示的电路，可得

$$\dot{U}_{ABO}=\dot{V}_A-\dot{V}_B=R_2\dot{I}_1-(-\mathrm{j}X_C)\dot{I}_2=$$

$$\frac{R_2}{R_1+R_2}\dot{U}_\mathrm{S}-\frac{-\mathrm{j}X_C}{R_3-\mathrm{j}X_C}\dot{U}_\mathrm{S}=\dot{U}_\mathrm{S}\left(\frac{R_2}{R_1+R_2}-\frac{-\mathrm{j}X_C}{R_3-\mathrm{j}X_C}\right)=$$

$$10\angle 0^\circ\times\left(\frac{5}{5+5}-\frac{-\mathrm{j}5}{2-\mathrm{j}5}\right)\ \mathrm{V}=10\angle 0^\circ\times\left(\frac{1}{2}+\frac{\mathrm{j}5}{2-\mathrm{j}5}\right)\ \mathrm{V}=$$

$$10\angle 0^\circ\times 0.5\angle -43.4^\circ\ \mathrm{V}=5\angle -43.6^\circ\ \mathrm{V}$$

(2) 求等效阻抗 Z_{ABO}。

当图 3.3.7(b) 所示电路中电源作用为零时，则有

$$Z_{ABO}=R_1\ /\!/\ R_2+R_3\ /\!/\ (-\mathrm{j}X_C)=(5\ /\!/\ 5+2\ /\!/\ (-\mathrm{j}5))\ \Omega=$$

$$\left(\frac{5}{2}+\frac{2\times(-\mathrm{j}5)}{2-\mathrm{j}5}\right)\ \Omega=\frac{122.5-\mathrm{j}20}{29}\ \Omega=(4.224-\mathrm{j}0.69)\ \Omega$$

所以，图 3.3.7(a) 所示电路中电压 $\dot{U}_{AB}$ 为

$$\dot{U}_{AB}=\frac{R_4+\mathrm{j}X_L}{Z_{ABO}+(R_4+\mathrm{j}X_L)}\dot{U}_{ABO}=\frac{2+\mathrm{j}2}{(4.224-\mathrm{j}0.69)+(2+\mathrm{j}2)}\times 5\angle -43.6^\circ\ \mathrm{V}=$$

$$\frac{2.828\angle 45^\circ}{6.224+\mathrm{j}1.31}\times 5\angle -43.4^\circ\ \mathrm{V}=$$

$$\frac{2.828\angle 45^\circ}{6.36\angle 11.89^\circ}\times 5\angle -43.4^\circ\ \text{V}=$$
$$2.22\angle -10.49^\circ\ \text{V}$$

[习题 3.17] 图 3.3.8(a) 所示为对称负载三相电路，已知每相负载的复阻抗 $Z=20\angle 30^\circ\ \Omega$，电源线电压 $u_{AB}=380\sqrt{2}\sin(\omega t+30^\circ)$ V。试求：

(1) 三相电流 $\dot{I}_A,\dot{I}_B,\dot{I}_C,i_A,i_B,i_C$。

(2) 画出各电压和电流的相量图。

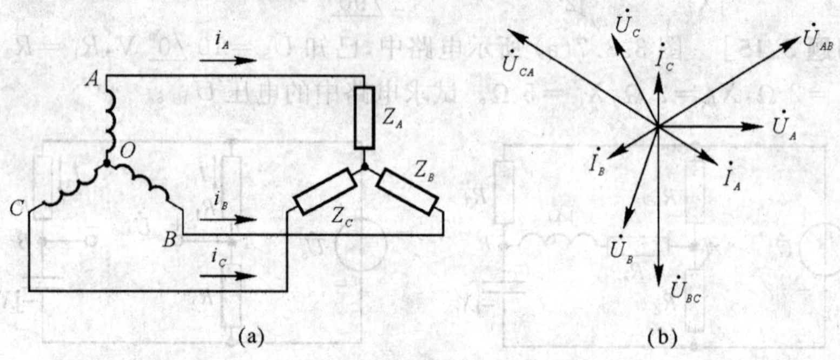

图 3.3.8 习题 3.17 的图

解 (1) 根据电源线电压 u_{AB}，可得出

$$U_A=220\sqrt{2}\sin\omega t\ \text{V}$$

或

$$\dot{U}_A=220\angle 0^\circ\ \text{V}$$
$$\dot{U}_B=220\angle -120^\circ\ \text{V}$$
$$\dot{U}_C=220\angle +120^\circ\ \text{V}$$

A 相电流为

$$\dot{I}_A=\frac{\dot{U}_A}{Z}=\frac{220\angle 0^\circ}{20\angle 30^\circ}\ \text{A}=11\angle -30^\circ\ \text{A}$$

其他相电流为

$$\dot{I}_B=\dot{I}_A\angle -120^\circ=11\angle -30^\circ\times\angle -120^\circ\ \text{A}=11\angle -150^\circ\ \text{A}$$
$$\dot{I}_C=\dot{I}_A\angle +120^\circ=11\angle -30^\circ\times\angle +120^\circ\ \text{A}=11\angle 90^\circ\ \text{A}$$

三个相电流瞬时值表达式为

$$i_A=11\sqrt{2}\sin(\omega t-30^\circ)\ \text{A}$$
$$i_B=11\sqrt{2}\sin(\omega t-150^\circ)\ \text{A}$$
$$i_C=11\sqrt{2}\sin(\omega t+90^\circ)\ \text{A}$$

(2) 各电压和电流的相量图如图 3.3.8(b) 所示。

[习题 3.18] 图 3.3.9(a) 所示三相电路，已知电源电压 $U_L=380$ V，每相负载的阻抗均为 10 Ω。要求：

(1) 计算各相相电流和中性线电流。

(2) 设 $U_A = 220$ V，画出电路的相量图。

(3) 求三相电路的有功功率。

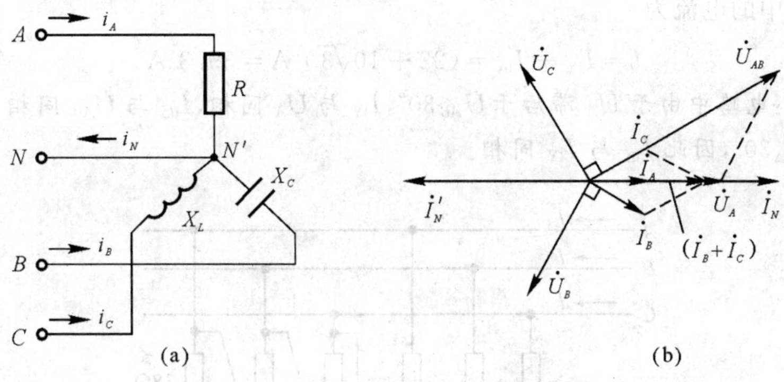

图 3.3.9 习题 3.18 的图

解 (1) 因有中性线，设 $\dot{U}_A = 220\angle 0°$ V，负载各相阻抗为

$$Z_A = R = 10\angle 0°\ \Omega$$

$$Z_B = \mathrm{j}X_L = 10\angle 90°\ \Omega$$

$$Z_C = -\mathrm{j}X_C = 10\angle -90°\ \Omega$$

负载各相电流为

$$\dot{I}_A = \frac{\dot{U}_A}{Z_A} = \frac{220\angle 0°}{10\angle 0°}\ \mathrm{A} = 22\angle 0°\ \mathrm{A}$$

$$\dot{I}_B = \frac{\dot{U}_B}{Z_B} = \frac{220\angle -120°}{10\angle -90°}\ \mathrm{A} = 22\angle -30°\ \mathrm{A}$$

$$\dot{I}_C = \frac{\dot{U}_C}{Z_C} = \frac{220\angle 120°}{10\angle 90°}\ \mathrm{A} = 22\angle 30°\ \mathrm{A}$$

中线电流为

$$\dot{I}_N = \dot{I}_A + \dot{I}_B + \dot{I}_C = (22\angle 0° + 22\angle -30° + 22\angle 30°)\ \mathrm{A} = 60.1\angle 0°\ \mathrm{A}$$

(2) 设 $\dot{U}_A = 220\angle 0°$ V，则电压电流相量图如图 3.3.9(b) 所示。

(3) 三相电路的有功功率为

$$P = P_\mathrm{A} = RI_\mathrm{A}^2 = 10 \times 22^2\ \mathrm{W} = 4\ 840\ \mathrm{W}$$

[习题 3.20] 图 3.3.10 所示的三相电路中，已知三相电源的线电压 380 V，两组电阻性对称负载。试求电路中电流 I。

解 星形连接负载电流为

$$I_{\mathrm{lY}} = I_{\mathrm{pY}} = \frac{200}{10}\ \mathrm{A} = 22\ \mathrm{A}$$

三角形连接负载电流为

$$I_{p\Delta}=\frac{380}{38}\ \text{A}=10\ \text{A}$$

$$I_{l\Delta}=\sqrt{3}\,I_{p\Delta}=10\sqrt{3}\ \text{A}$$

电路中的电流为

$$I=I_{lY}+I_{l\Delta}=(22+10\sqrt{3})\ \text{A}=39.3\ \text{A}$$

注意:电路中由于 $\dot{U}_A$ 滞后于 $\dot{U}_{AB}$ 30°,$\dot{I}_{lY}$ 与 $\dot{U}_A$ 同相,$\dot{I}_{p\Delta}$ 与 $\dot{U}_{AB}$ 同相,而 $\dot{I}_{l\Delta}$ 也滞后于 $\dot{I}_{p\Delta}$ 30°,因此 $\dot{I}_{l\Delta}$ 与 $\dot{I}_{lY}$ 同相。

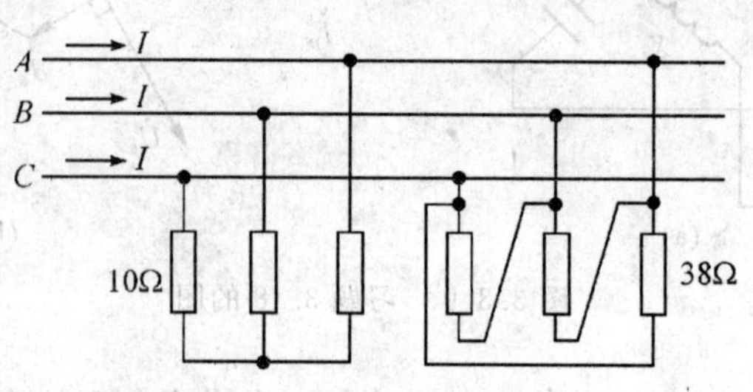

图 3.3.10　习题 3.20 的图

[习题 3.21]　某三相电路,采用三相四线制电源系统供电,电源电压为 380/220 V,对称负载为星形连接的白炽灯,每相功率为 180 W。此外,在 C 相接有额定电压为 220 V,功率为 40 W,功率因数 $\cos\varphi=0.5$ 的日光灯一只。要求:

(1) 画出电路图。

(2) 设 $\dot{U}_A=220\angle 0°$ V,计算端线电流 $\dot{I}_A$,$\dot{I}_B$,$\dot{I}_C$ 和中性线电流 $\dot{I}_N$。

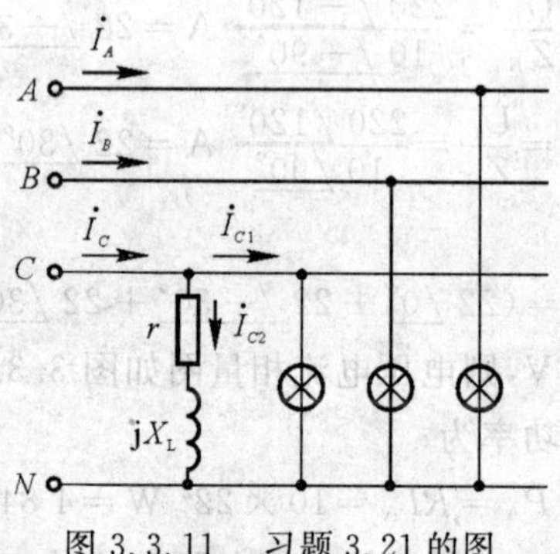

图 3.3.11　习题 3.21 的图

解　(1) 电路连接如图 3.3.11 所示。

(2) 每相白炽灯的功率为 180 W,则其电流为

$$I=\frac{P}{U}=\frac{180}{220}\ \text{A}=0.818\ \text{A}$$

各相的电流分别为

$$\dot{I}_A = 0.818\ \underline{/0^\circ}\ \text{A}$$

$$\dot{I}_B = 0.818\ \underline{/-120^\circ}\ \text{A}$$

C 相电流为

$$\dot{I}_C = \dot{I}_{C1} + \dot{I}_{C2}$$

$$I_{C2} = \frac{P}{U_C \cos\varphi} = \frac{40}{220 \times 0.5}\ \text{A} = 0.36\ \text{A}$$

$$\dot{I}_{C2} = \frac{\dot{U}_C}{Z_C} = \frac{U_C\ \underline{/120^\circ}}{|Z_C|\ \underline{/60^\circ}} = 0.36\ \underline{/60^\circ}\ \text{A}$$

$$\dot{I}_C = \dot{I}_{C1} + \dot{I}_{C2} = (0.818\ \underline{/120^\circ} + 0.36\ \underline{/60^\circ})\ \text{A} = 1.05\ \underline{/77.3^\circ}\ \text{A}$$

中性线电流为

$$\dot{I}_N = \dot{I}_A + \dot{I}_B + \dot{I}_{C1} + \dot{I}_{C2} =$$

$$(0.818\ \underline{/0^\circ} + 0.818\ \underline{/-120^\circ} + 0.818\ \underline{/120^\circ} + 0.36\ \underline{/60^\circ})\ \text{A} =$$

$$0.36\ \underline{/60^\circ}\ \text{A}$$

第 4 章　半导体器件

4.1　基本要求

(1) 理解 PN 结的单向导电性；

(2) 了解二极管、晶体管的工作原理、主要特性曲线和主要参数的意义；

(3) 理解晶体管的电流分配和放大作用；

(4) 了解绝缘栅场效应管的工作原理、主要特性曲线和主要参数意义。

4.2　学习指导

本章主要讨论常用半导体器件，如二极管、晶体管和场效应管。先介绍半导体的导电特性，接着介绍 PN 结的基本特点，重点介绍了半导体二极管、晶体管和场效应管的基本结构、工作原理、特性曲线和主要参数。理解器件(元件)— 电路 — 系统三者之间关系。器件是构成电路的基础，而电路是构成系统的基础，对于学习这门课程的读者来讲，主要的是了解常用器件，熟悉常见电路，掌握部分典型系统，而不必拘泥于器件结构细节和电路设计。本章重点在于掌握 PN 结的单向导通性和晶体管的放大特性。

4.2.1　半导体的导电特性

1. 本征半导体

所谓的本征半导体就是指完全纯净的、具有晶体结构的半导体。

2. 杂质半导体

所谓的杂质半导体是指 P 型半导体和 N 型半导体。在纯净的四价元素硅、锗等本征半导体中掺入适量的三价元素，则形成 P 型半导体，其中空穴为多数载流子，自由电子为少数载流子；如在本征半导体中掺入适量五价元素，则形成 N 型半导体，其中自由电子为多数载流子，空穴为少数载流子。在杂质半导体当中，整体电量平衡，对外不显电性。

4.2.2　PN结及其单向导电性

(1) 将P型半导体和N型半导体结合在一起，在交界面形成一空间电荷区阻止多数载流子的移动，称其为PN结。

(2) 在PN结上加正向电压，P区的多数载流子(空穴)和N区的多数载流子(自由电子)在电场作用下通过PN结进入对方区域，形成较大的正向电流，此时PN结处于导通状态。如果在PN结上加反向电压，P区和N区的多数载流子难于通过PN结，但P区和N区的少数载流子在电场作用下却能通过PN结进入对方区域，形成反向电流。但是少数载流子数量很少，因此反向电流小。此时PN结呈现高电阻，处于截止状态。

(3)PN结正向导通，反向截止，称为PN结的单向导电性。

4.2.3　二极管及其应用

1.二极管的伏安特性

二极管加正向电压，且超过死区电压(硅管0.5 V，锗管0.2 V)时，其电流较大，二极管导通，加反向电压时二极管截止。要注意的是当反向电压增加到击穿电压时，反向电流陡增，二极管则损坏。

2.二极管主要参数

最大整流电流 I_{OM} 指长时间使用允许通过的最大正方向平均电流。反向工作峰值电压 U_{RWM} 指二极管不被击穿的反向峰值电压。反向峰值电流 I_{RM} 是指二极管加反向工作峰值电压时的反向电流值。这些参数是选用二极管时的重要指标。

3.二极管的应用

二极管的单向导电性在电子技术领域应用相当广泛，如限幅、检波、隔离和续流等，其主要用途是用二极管组成整流电路。在第7章中将会介绍二极管在直流稳压电源中的应用。

4.2.4　稳压二极管

(1) 稳压二极管是一种特殊的半导体二极管，与一般二极管相比，它的反向击穿电压低，反向击穿特性曲线陡，击穿后除去反向电压又能恢复正常。

(2) 稳压二极管必须跟限流电阻一并组成稳压电路。

(3) 稳压二极管主要参数：额定电压 U_Z 是反向击穿状态下管子两端的稳定工作电压。稳定电流 I_Z 是指稳压管两端电压等于稳定电压 U_Z 时通过稳压管中的电流值，是正常工作时的最小电流值。

4.2.5　半导体三极管及其作用

(1) 半导体三极管(晶体管)由两个PN结组合而成，按不同的组合方式可分为

NPN 和 PNP 两种类型。

(2) 半导体三极管放大的外部条件是发射结正向偏置,集电结反向偏置。所谓的发射极正向偏置和集电结反向偏置,从电位的角度理解:

对于 NPN 型的三极管有

发射结正向偏置,即 $V_B > V_E$;

集电结反向偏置,即 $V_C > V_B$。

对于 PNP 型的三极管有

发射结正向偏置,即 $V_B < V_E$;

集电结反向偏置,即 $V_C < V_B$。

(3) 半导体三极管放大的内部条件是基区必须做得很薄,基区的掺杂浓度必须远小于发射区的掺杂浓度,集电区面积大。对于 NPN 型晶体管来讲,可以大幅减少电子与基区空穴复合的机会,使从发射区扩散过来的电子绝大多数到达集电区。

(4) 三极管的电流放大关系为

$$I_E = I_B + I_C$$
$$I_C = \bar{\beta} I_B \approx \beta I_B$$

其中,静态电流放大倍数 $\bar{\beta} = \frac{I_C}{I_B}$ 反映集电极电流和基极电流之比,而动态放大倍数 $\beta = \frac{\Delta I_C}{\Delta I_B}$ 反映了晶体管的放大能力,也就是 I_B 对 I_C 的控制能力,在估算中,常用 $\bar{\beta} \approx \beta$ 近似关系。

(5) 三极管除放大作用外,还可工作在饱和与截止两种工作状态。三极管处于饱和和截止工作状态就是指其开关作用。根据三极管输出特性曲线,三极管三种工作状态的条件和特点如表 4.1 所示。

表 4.1　三极管工作状态条件及特点

工作状态		截　止	放　大	饱　和
条　件		$I_B \leqslant 0$	$0 < I_B < \frac{I_{Csat}}{\beta}$	$I_B > \frac{I_{Csat}}{\beta}$
特点(NPN)	电压与电流关系	$U_{BE} \leqslant 0, U_{CE} \approx U_{CC}$ $I_C = I_{CEO} \approx 0$ $I_B \approx 0$	$U_{BE} = 0.6 \sim 0.7$ V $U_{CC} > U_{CE} > U_{BE}$ $I_C \approx \beta I_B$	$U_{BE} = 0.6 \sim 0.7$ V $U_{CC} \approx 0.2 \sim 0.3$ V $I_C = I_{CS}$ $I_B \geqslant I_{BS} = \frac{I_{CS}}{\beta}$
	偏置	发射结反偏 集电结反偏	发射结正偏 集电结反偏	发射结正偏 集电结正偏

注意:表中 $I_{Csat} \approx \frac{U_{CC}}{R_C}$ 为集电极饱和电流;$I_{CEO} = I_{CBO} + \beta I_{CBO}$ 为集-射极反向穿透电流;I_{CBO} 为集-基极反向饱和电流。

4.2.6　绝缘栅场效应管

场效应管是一种新型电压控制型半导体器件,通过改变场效应管栅极电压 U_{GS},可实现对漏极电流 I_D 的控制。按照结构分为结型和绝缘栅型两类。按导电沟道类型,分为N型和P型两类。根据有无原始导电沟道,分为增强型和耗尽型。

场效应管与三极管的区别,如表 4.2 所示。

表 4.2　三极管与场效应管的区别

器件名称	三极管	场效应管
载流子	两种不同极性的载流子同时参与导电,称为双极型晶体管	只有一种极性的载流子参与导电,故又称为单极型晶体管
控制方式	电流控制	电压控制
类型	NPN 型和 PNP 型	N 沟道和 P 沟道
放大参数	$\beta = 20 \sim 100$	$g_m = 1 \sim 5$ mA/V
输入电阻	$10^2 \sim 10^4$ Ω	$10^7 \sim 10^{14}$ Ω
输出电阻	r_{ce} 很高	r_{ds} 很高
热稳定性	差	好
制造工艺	较复杂	简单、成本低
对应极	基极 — 栅极,发射极 — 源极,集电极 — 漏极	

4.3　习题选解

[习题 4.2]　图 4.3.1 所示的各电路中,$U = 5$ V,$u_i = 10\sin\omega t$ V,二极管的正向压降可忽略不计,试分别画出输出电压 u_o 的波形。

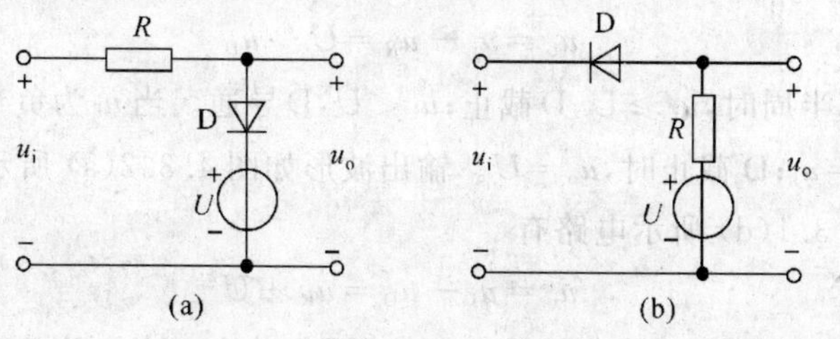

图 4.3.1　习题 4.2 的图(一)

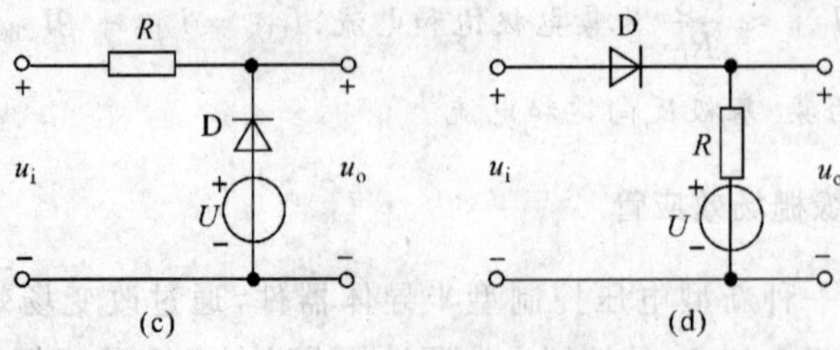

续图 4.3.1　习题 4.2 的图(一)

解　对于图 4.3.1(a) 所示电路有

$$u_o = u_i - u_R = u_D + U$$

当 u_i 为正半周时，$u_i > U$，D 导通；$u_i < U$，D 截止。当 u_i 为负半周时，D 截止。D 导通时，$u_o = U$；D 截止时，$u_o = u_i$。输出波形如图 4.3.2(a) 所示。

对于图 4.3.1(b) 所示电路有

$$u_o = u_i + u_D = u_R + U$$

当 u_i 为正半周时，$u_i > U$，D 导通；$u_i < U$，D 截止。当 u_i 为负半周时，D 截止。D 导通时，$u_o = u_i$；D 截止时，$u_o = U$。输出波形如图 4.3.2(b) 所示。

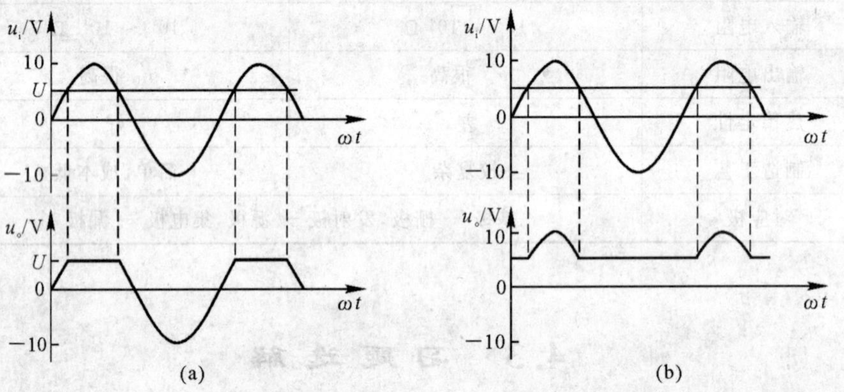

图 4.3.2　习题 4.2 的图(二)

对于图 4.3.1(c) 所示电路有

$$u_o = u_i - u_R = U - u_D$$

当 u_i 为正半周时，$u_i \geqslant U$，D 截止；$u_i < U$，D 导通。当 u_i 为负半周时，D 导通。D 导通时，$u_o = u_i$；D 截止时，$u_o = U$。输出波形如图 4.3.2(a) 所示。

对于图 4.3.1(d) 所示电路有

$$u_o = u_i - u_D = u_R + U$$

当 u_i 为正半周时，$u_i \geqslant U$，D 导通；$u_i < U$，D 截止。当 u_i 为负半周时，D 截止。

D 导通时，$u_o = u_i$；D 截止时，$u_o = U$。输出波形如图 4.3.2(b) 所示。

[习题 4.4]　图 4.3.3 所示电路中设二极管的正向电阻为零，反向电阻为无穷大。试求以下几种情况下输出端电位 V_F 及各元件中通过的电流：

(1) $V_A = +10\ \text{V}, V_B = 0\ \text{V}$。

(2) $V_A = +6\ \text{V}, V_B = +5.8\ \text{V}$。

(3) $V_A = V_B = +5\ \text{V}$。

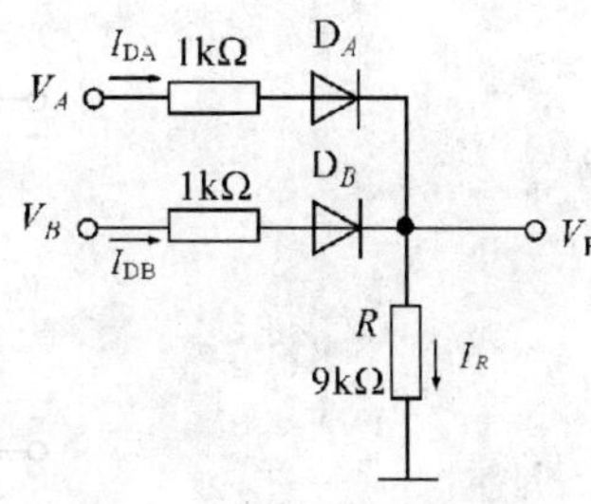

图 4.3.3　习题 4.4 的图

解　(1) D_A 先导通，则

$$V_F = 9 \times \frac{1}{1+9}\ \text{V} = 9\ \text{V}$$

$$I_{DA} = I_R = \frac{V_F}{R} = \frac{9}{9 \times 10^3}\ \text{A} = 1 \times 10^{-3}\ \text{A} = 1\ \text{mA}$$

D_B 反向偏置，截止，$I_{DB} = 0$。

(2) 设 D_A 和 D_B 两管都导通，应用结点电压法计算 V_F：

$$V_F = \frac{\frac{6}{1} + \frac{5.8}{1}}{\frac{1}{1} + \frac{1}{1} + \frac{1}{9}}\ \text{V} = 5.59\ \text{V} < 5.8\ \text{V}$$

可见 D_B 管也可以导通。

$$I_{DA} = \frac{6 - 5.59}{1 \times 10^3}\ \text{A} = 0.41 \times 10^{-3}\ \text{A} = 0.41\ \text{mA}$$

$$I_{DB} = \frac{5.8 - 5.59}{1 \times 10^3}\ \text{A} = 0.41 \times 10^{-3}\ \text{A} = 0.21\ \text{mA}$$

$$I_R = \frac{5.59}{9 \times 10^3}\ \text{A} = 0.62 \times 10^{-3}\ \text{A} = 0.62\ \text{mA}$$

(3) D_A 和 D_B 两管都导通时，有

$$V_F = \frac{\frac{5}{1} + \frac{5}{1}}{\frac{1}{1} + \frac{1}{1} + \frac{1}{9}}\ \text{V} = 4.74\ \text{V}$$

$$I_R = \frac{V_F}{R} = \frac{4.74}{9 \times 10^3}\ \text{A} = 0.53 \times 10^{-3}\ \text{A} = 0.53\ \text{mA}$$

$$I_{DA} = I_{DB} = \frac{I_R}{2} = \frac{0.53}{2}\ \text{mA} = 0.26\ \text{mA}$$

[习题 4.5]　图 4.3.4 所示的电路中，已知 $U_i = 30\ \text{V}$，2CW4 型稳压管的参数为：稳定电压 $U_Z = 12\ \text{V}$，最大稳定电流 $I_{ZM} = 20\ \text{mA}$。若电压表中的电流可以忽略不计，试求：

(1) 开关 S 闭合，电压表 V 和电流表 A_1，A_2 的读数各为多少？流过稳压管的电流又是多少？

(2) 开关 S 闭合，且 U_i 升高 10%，问(1) 中各个量又有何变化？

(3) $U_i = 30$ V 时将开关 S 断开，流过稳压管的电流是多少？

(4) U_i 升高 10% 时将 S 断开，稳压管工作状态是否正常？

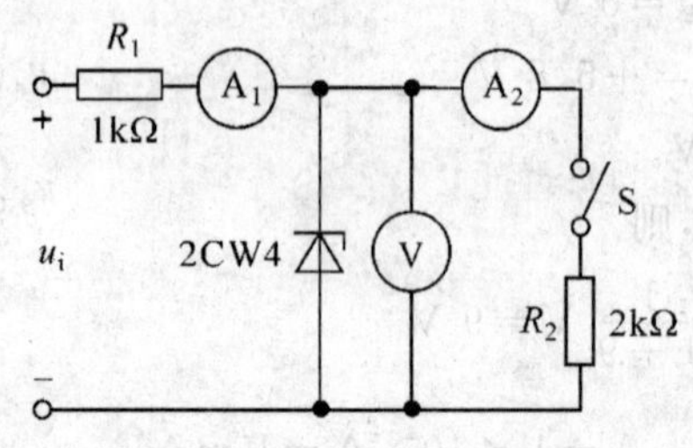

图 4.3.4　习题 4.5 的图

解　(1) 开关 S 闭合后，稳压管具有稳压作用，此时电压表 V 的读数为 $U_Z = 12$ V；电流表 A_1 的读数为

$$I_1 = \frac{U_i - U_Z}{R_1} = \frac{30 - 12}{1}\ \text{mA} = 18\ \text{mA}$$

电流表 A_2 的读数为

$$I_2 = \frac{U_Z}{R_2} = \frac{12}{2}\ \text{mA} = 6\ \text{mA}$$

稳压管的电流为

$$I_Z = I_1 - I_2 = (18 - 6)\ \text{mA} = 12\ \text{mA}$$

(2) 开关 S 闭合且 U_i 升高 10% 时，稳压管的稳定电压不变，故电压表 V 的读数不变，即 $U_Z = 12$ V；电流表 A_2 的读数不变，即 $I_2 = 6$ mA。

电流表 A_1 的读数为

$$I_1 = \frac{U_i(1 + 10\%) - U_Z}{R_1} = \frac{30 \times 1.1 - 12}{1 \times 10^3}\ \text{mA} = 21\ \text{mA}$$

稳压管的电流为

$$I_Z = I_1 - I_2 = (21 - 6)\ \text{mA} = 15\ \text{mA}$$

(3) $U_i = 30$ V 时，S 断开，流过稳压管的电流为

$$I_Z = I_1 = \frac{U_i - U_Z}{R_1} = \frac{30 - 12}{1}\ \text{mA} = 18\ \text{mA}$$

(4) U_i 升高 10% 时，S 断开，稳压管的电流为

$$I_Z = I_1 = \frac{U_i(1 + 10\%) - U_Z}{R_1} = \frac{30 \times 1.1 - 12}{1}\ \text{mA} = 21\ \text{mA}$$

此时有 $I_Z(21\ \text{mA}) > I_{ZM}(20\ \text{mA})$，故稳压管工作状态不正常。

[**习题 4.6**]　一晶体管，测得它三个管脚的电位(对地)分别为 −9 V，−6 V，

-6.2 V，试判别该晶体管的类型（NPN 或 PNP）及各电极。

解　NPN 型：集电极电位最高，发射极电位最低，$U_{BE}>0$；

PNP 型：发射极电位最高，集电极电位最低，$U_{BE}<0$；

硅管：基极电位和发射极电位大约相差 0.6 V 或 0.7 V；

锗管：基极电位和发射极电位大约相差 0.2 V 或 0.3 V；

由此可知：晶体管为 PNP 型锗管，其中 -6 V 为发射极，-9.2 V 为基极，-9 V 为集电极。

[习题 4.7]　已知某晶体管的 $P_{CM}=100$ mW，$I_{CM}=20$ mA，$U_{(BR)CEO}=15$ V，试问在下列情况时，哪种是正常工作状态？

(1)$U_{CE}=6$ V，$I_C=10$ mA。

(2)$U_{CE}=3$ V，$I_C=25$ mA。

(3)$U_{CE}=12$ V，$I_C=10$ mA。

解　(1)$I_C<I_{CM}$，$U_{CE}<U_{(BR)CEO}$，$P_C=I_CU_{CE}<P_{CM}$，所以这种情况下工作正常。

(2)$I_C>I_{CM}$，β 大大下降，不能正常工作。

(3)$P_C=I_CU_{CE}>P_{CM}$，这将烧毁 PN 结。

第 5 章　基本放大电路

5.1　基 本 要 求

(1) 理解基本放大电路工作原理、静态工作点估算，掌握微变等效电路分析方法、输入电阻和输出电阻的计算；

(2) 掌握射极输出器的基本特点和应用；

(3) 理解差动放大电路、互补对称功率放大电路、MOS 场效应管放大电路的基本结构、工作原理和主要特点。

5.2　学 习 指 导

本章主要介绍由分立元件(二极管、晶体管和场效应管等)组成的各种常用的基本放大电路(共射极放大电路、射极输出器、差分电路、功率放大电路等)。这些电路的基本结构、工作原理和分析方法是学习电子技术的重要基础，对后续内容的学习尤为重要。本章的重点是共射极放大电路和射极输出器的静态和动态分析。

5.2.1　基本放大电路组成

放大过程的实质是能量的控制过程，即用能量比较小的信号控制放大元件(如晶体管、场效应管等)，进而在负载上获得较大能量的信号。电压放大电路通常分为两类，即共射极放大电路和射极输出器。基本放大电路通常包含直流电源、放大元件、耦合电容、基极电阻、集电极电阻等元件。其中放大元件能够将电源提供的直流能量，变换为负载上所需要的交流能量。电容能够隔断直流而使交流通过。要求能够画出电路，明白各个元件的作用，并对各个元件有数量级概念。

5.2.2　放大电路的静态分析

(1) 静态是指放大电路没有输入信号时的工作状态。静态分析就是确定放大电路静态时的电路值(即静态值)I_C，U_{CE} 和 I_B。判断放大电路是否有合适的静态工作点，要求能够绘制直流通路。

(2) 静态分析(确定静态值) 的方法有估算法和图解法，要求重点掌握估算法。估算法的具体思路：对固定偏置电路，$I_B \rightarrow I_C \rightarrow U_{CE}$；对分压偏置电路，$V_B \rightarrow U_{BE} \rightarrow V_E \rightarrow I_E \rightarrow U_{CE}$。

(3) 电路参数 R_B，R_C 和 U_{CC} 对静态工作点有影响，通常改变 R_B 的阻值可调节静态工作点。

5.2.3　放大电路的动态分析

(1) 动态是指放大电路仅有输入信号时的工作状态。动态分析就是确定放大电路的输入电阻 r_i、输出电阻 r_o 和电压放大倍数 A_u。

(2) 动态分析方法有图解法和微变等效电路法，要求重点掌握微变等效电路法。

(3) 微变等效电路法的关键在于绘制微变等效电路。所谓的微变等效电路是指在交流信号作用时放大电路的等效电路。因电路中耦合电容和直流电源（内阻很小可忽略不计）可视为短接，具体画法是先画出晶体管的微变等效电路，再将电路中电阻分别连接到交流通路（或晶体管）所对应的位置（或各极间）。

(4) 输入电阻 r_i 是从输入端求得的等效交流电阻，其中不包括信号源内阻 R_S；输出电阻 r_o 是从输出端求得的等效交流电阻，其中不包括负载电阻 R_L。通常要求输入电阻高一些，输出电阻低一些。

(5) 电压放大倍数为

$$A_u = \frac{\dot{U}_o}{\dot{U}_i}$$

首先需要注意的是晶体管的等效输入电阻为

$$r_{be} = 200 + (\beta + 1)\frac{26}{I_E}$$

其次，在两级放大电路中计算第一级的放大倍数 A_{u1} 时，其负载电阻 $R'_{L1} = R_{C1} /\!/ r_{i2}$，$r_{i2}$ 为第二级的输入电阻。电压放大倍数与负载电阻相关。

5.2.4　静态工作点的稳定

为使放电电路不产生非线性失真，需要有一个稳定的静态工作点。但静态工作点不稳定主要是受到温度的影响，因为温度的升高使得晶体管的静态电流 I_C 增大。通常采用分压偏置电路，满足 $I_2 \gg I_B$ 和 $V_B \gg U_{BE}$，使得温度升高，I_C 增大时 I_B 自动减少从而牵制 I_C 的增大，达到稳定静态工作点。如果静态工作点偏高或者偏低，电路将产生饱和失真或截止失真。

5.2.5　射极输出器

(1) 射极输出器特点：电压放大倍数近似 1；输入电阻高，约几十千欧到几百千欧;输出电阻低,约几十欧。

(2) 射极输出器用途:因输入电阻高,用在多级放大电路的输入级,以减轻信号源的负担;因输出电阻低,用在多级放大电路的输出级,以增强带负载能力;因其有阻抗变换作用,可用在两个共发射极放大电路之间的中间级,以改善放大电路的工作性能。

5.2.6 多级放大电路

(1) 静态工作点在阻容耦合多级放大电路中彼此独立、互不影响,在直接耦合多级放大电路中互相沟通,互相影响。

(2) 多级放大电路动态分析中,放大倍数等于各级放大倍数的乘积,输入电阻等于第一级放大电路的输入电阻,输出电阻等于最后一级电路的输出电阻。

5.2.7 场效应管放大电路

(1) 场效应管与晶体管的区别在于:晶体管是电流控制器件,场效应管则是电压控制器件;晶体管的基极处于导通状态,需要向基极注入信号电流,故输入电阻小,向信号源索取功率,场效应管仅受输入栅极电压电场效应的控制,故输入电阻高,基本上不需要信号源提供功率。

(2) 场效应管放大电路与晶体管放大电路在电路结构、偏置电路、电压极性、电压放大倍数、输入电阻和输出电阻等均有对应之处。要注意的是绝缘栅场效应管的栅极不能开路。

5.2.8 差动放大电路

(1) 差动放大电路是利用电路的互补对称性,抑制直接耦合放大电路零点漂移最有效的电路。抑制零点漂移的水平用电路抑制共模信号的能力衡量。

(2) 电路通常较难以做到完全对称,单端输出(即使电路对称)也难以完全抑制零点漂移。因此,常在放大电路的发射极引入 R_P,R_E 和负电源 $-U_{EE}$。R_E 越大抑制效果越好,但要相应增大负电源电压 $-U_{EE}$。比较理想的是晶体管恒流源替代 R_E。值得注意的是 R_E 电阻对差模信号不起作用。

(3) 共模抑制比 K_{CMRR} 反映了差分放大电路抑制共模干扰信号的能力,其值越大,电路抑制共模信号(零点漂移)的能力越强,实用的 K_{CMRR} 约为 1 000。

5.2.9 功率放大电路(互补对称功率放大电路)

(1) 对于功率放大电路要求是在不失真的情况下,尽可能获得较大输出功率,需要晶体管工作在极限状态。

(2) 功率放大电路在较大功率时应有较高的效率,为获得较高效率,晶体管应工作在甲乙类或乙类状态。

(3) 为尽可能消除失真，功率放大电路通常采用互补对称电路，互补对称电路主要有 OCL 和 OTL 两种，它们的工作原理基本相同。

5.3 习题选解

[习题5.1]　在图5.3.1(a)(b)(c)(d)所示4个电路中，哪几个电路可正常工作，为什么？

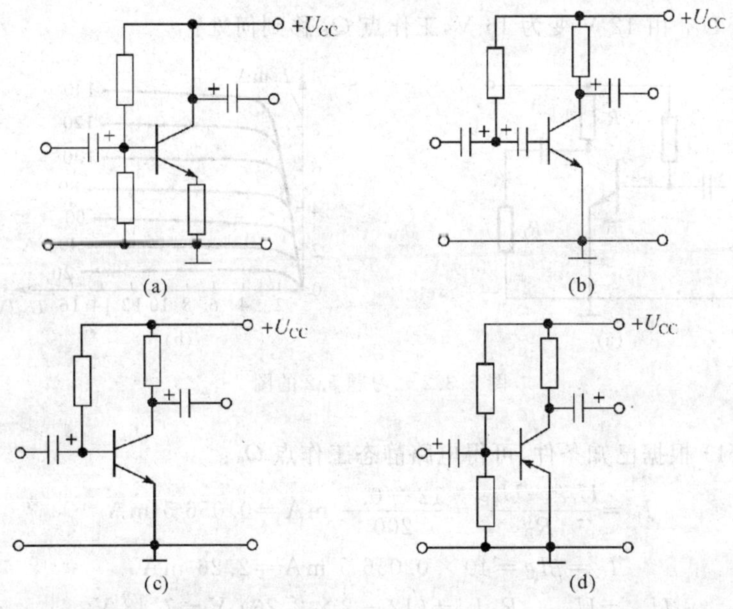

图5.3.1　习题5.1的图

解　判断电路对交流信号有无放大作用，可按下列步骤进行：

(1) 判断晶体管是否满足发射结正偏，集电结反偏的条件(NPN型管构成的电路，U_{CC} 的正极接集电极C，负极接"地"；PNP型管构成的电路，U_{CC} 的负极接集电极C，正极接"地")。

(2) 判断有无完善的直流通路(即有无偏流 I_B 产生、流通的路径)。

(3) 判断有无完善的交流通路(即有无交流信号的输入、输出路径)。

(4) 判断(根据电路参数计算)三极管是否工作在放大区。

由上述步骤，可判断：

(1) 图5.3.1(a)集电极电阻 $R_C=0$，从交流通路可看出，输出端被短接，$\dot{U}_O=0$，电路无电压放大作用。

(2) 图 5.3.1(b) 基极上存在电容，使晶体管无法获得偏流 I_B，无电压放大。

(3) 图 5.3.1(c) 可实现电压放大作用。

(4) 图 5.3.1(d) 晶体管为 PNP 型，电源极性接错。

[习题 5.2] 在图 5.3.2(a) 所示的基本放大电路中，3DG6 型晶体管的输出特性曲线如图 5.3.2(b) 所示。设 $U_{CC}=12\ \text{V}$，$R_B=200\ \text{k}\Omega$，$R_C=2\ \text{k}\Omega$，$\beta=40$。试求：

(1) 静态工作点 Q_0。

(2) 若 R_C 由 2 kΩ 增大到 4 kΩ，工作点 Q_1 移到何处？

(3) 若 R_B 由 200 kΩ 变为 150 kΩ，工作点 Q_2 移到何处？

(4) 若 U_{CC} 由 12 V 变为 16 V，工作点 Q_3 移到何处？

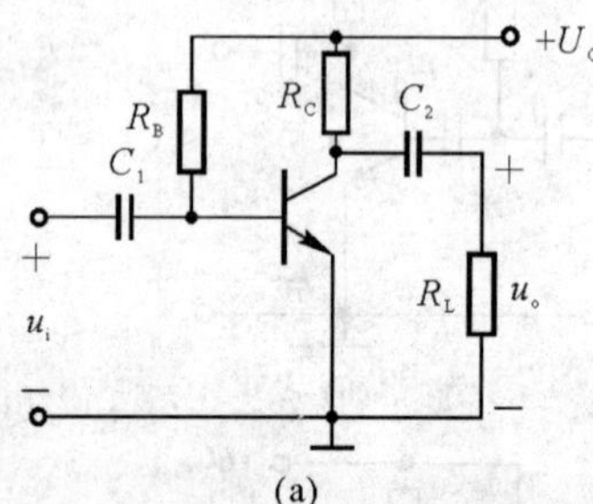

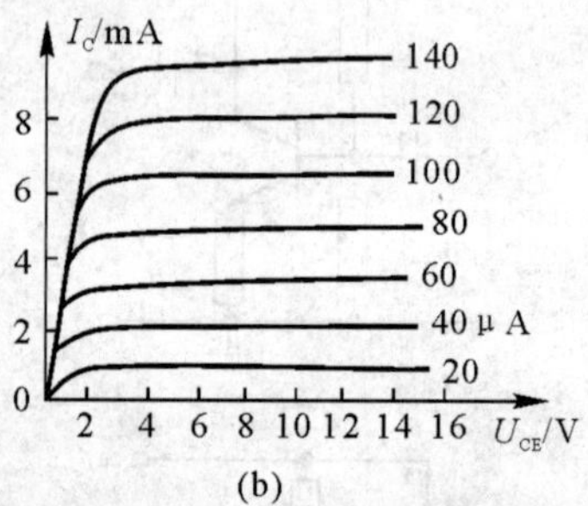

图 5.3.2　习题 5.2 的图

解　(1) 根据已知条件，可得电路静态工作点 Q_0：

$$I_B=\frac{U_{CC}-U_{BE}}{R_B}=\frac{12-0.7}{200}\ \text{mA}=0.056\ 5\ \text{mA}$$

$$I_C=\beta I_B=40\times 0.056\ 5\ \text{mA}=2.26\ \text{mA}$$

$$U_{CE}=U_{CC}-R_C I_C=(12-2\times 2.26)\ \text{V}=7.48\ \text{V}$$

(2) 若 R_C 由 2 kΩ 增大到 4 kΩ，则

$$I_B=0.056\ 5\ \text{mA}$$

$$I_C=2.26\ \text{mA}$$

$$U_{CE}=U_{CC}-R_C I_C=(12-4\times 2.26)\ \text{V}=2.96\ \text{V}$$

(3) 若 R_B 由 200 kΩ 变为 150 kΩ，则

$$I_B=\frac{U_{CC}-U_{BE}}{R_B}=\frac{12-0.7}{150}\ \text{mA}=0.075\ \text{mA}$$

$$I_C=\beta I_B=40\times 0.075\ \text{mA}=3\ \text{mA}$$

$$U_{CE}=U_{CC}-R_C I_C=(12-2\times 3)\ \text{V}=6\ \text{V}$$

(4) 若 U_{CC} 由 12 V 变为 16 V，则

$$I_B=\frac{U_{CC}-U_{BE}}{R_B}=\frac{16-0.7}{200}\ \text{mA}=0.076\ 5\ \text{mA}$$

$$I_C=\beta I_B=40\times0.0765\ \text{mA}=3.06\ \text{mA}$$
$$U_{CE}=U_{CC}-R_CI_C=(16-2\times3.06)\ \text{V}=9.88\ \text{V}$$

注意:改变电路中 R_B,R_C 和 U_{CC},可改变电路静态工作点。增大集电极电阻 R_C 使得静态工作点向左平移,减小基极电阻 R_B 使得静态工作点向上移动,提高电源电压 U_{CC} 使得静态工作点上移。静态工作点的移动都可能导致放大电路工作的不稳定,因此需要设置合适的静态工作点。

[习题 5.3]　图 5.3.3 所示电路中,设 $R_{B1}=47\ \text{k}\Omega$,$R_{B2}=15\ \text{k}\Omega$,$R_C=3\ \text{k}\Omega$,$R_E=1.5\ \text{k}\Omega$,$R_L=2\ \text{k}\Omega$, $\beta=50$,$U_{CC}=12\ \text{V}$。要求:

(1) 计算静态工作点。

(2) 画出放大电路的微变等效电路。

(3) 计算输入电阻 r_i 和输出电阻 r_o。

(4) 计算电压放大倍数 A_u。

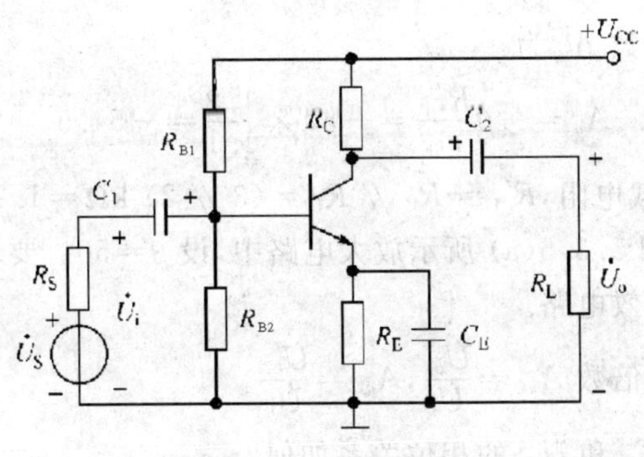

图 5.3.3　习题 5.3 的图

解　(1) 先求电路的静态工作点。

$$U_B=\frac{R_{B2}}{R_{B1}+R_{B2}}U_{CC}=\frac{15}{47+15}\times12\ \text{V}\approx2.90\ \text{V}$$

$$I_E=\frac{U_B-U_{BE}}{R_E}=\frac{2.90-0.7}{1.5}\ \text{mA}\approx1.47\ \text{mA}$$

$$I_B=\frac{I_{C1}}{\beta}=\frac{1.47}{50}\ \text{mA}\approx29.4\ \mu\text{A}$$

$$U_{CE}=U_{CC}-(R_E+R_C)I_E=(12-4.5\times1.47)\ \text{V}=5.385\ \text{V}$$

(2) 画出图 5.3.3 的微变等效电路如图 5.3.4 所示。

(3) 计算输入电阻 r_i 和输出电阻 r_o。

输入电阻 r_i 为 R_{B1},R_{B2} 和 r_{be} 三者并联,即

$$r_i=R_{B1}\ /\!/\ R_{B2}\ /\!/\ r_{be}=(47\ /\!/\ 15\ /\!/\ 1.1)\ \text{k}\Omega\approx1.1\ \text{k}\Omega$$

式中

$$r_{be}=200+(1+\beta)\frac{26}{I_E}=\left(200+51\times\frac{26}{1.47}\right)\ \Omega=1.1\ \text{k}\Omega$$

输出电阻 r_o 等于集电极负载电阻 R_C，即

$$r_o=R_C=3\ \text{k}\Omega$$

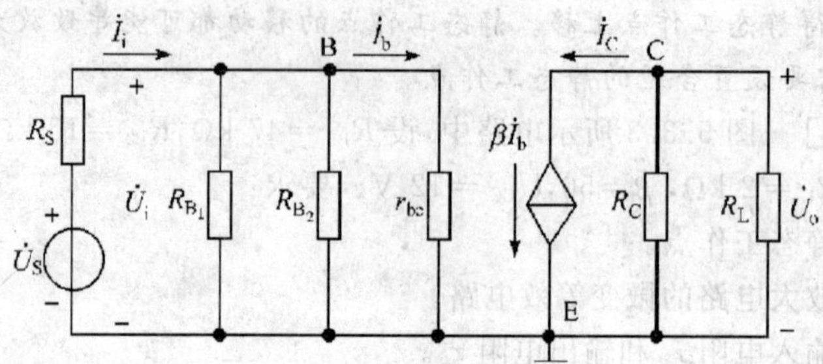

图 5.3.4　图 5.3.3 的微变等效电路图

(4) 电压放大倍数 A_u 为

$$A_u=-\beta\frac{R'_L}{r_{be}}=-50\times\frac{1.2}{1.1}=-54.5$$

式中，R'_L 为等效负载电阻，$R'_L=R_C\ /\!/\ R_L=(3\ /\!/\ 2)\ \text{k}\Omega=1.2\ \text{k}\Omega$。

[习题 5.5]　图 5.3.5(a) 所示放大电路中，设 $\beta=50$。要求：

(1) 画出微变等效电路。

(2) 求电压放大倍数 $A_{u1}=\dfrac{\dot{U}_{o1}}{\dot{U}_i}$，$A_{u2}=\dfrac{\dot{U}_{o2}}{\dot{U}_i}$。

(3) 输出电压 $\dot{U}_{o1}$ 和 $\dot{U}_{o2}$ 的相位关系如何？

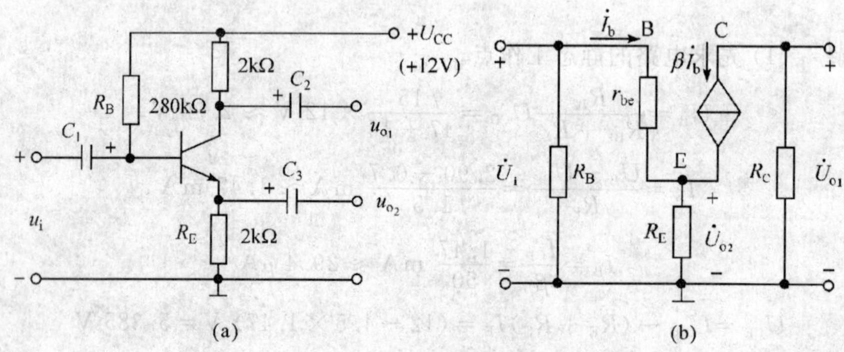

图 5.3.5　习题 5.5 的图

解　(1) 放大电路的微变等效电路如图 5.3.5(b) 所示。

(2) 由微变等效电路可得

$$\dot{U}_i=r_{be}\dot{I}_b+(1+\beta)R_E\dot{I}_b$$

$$\dot{U}_{o1} = -\beta R_C \dot{I}_b$$

$$\dot{U}_{o2} = (1+\beta) R_E \dot{I}_b$$

电压放大倍数分别为

$$A_{u1} = \frac{\dot{U}_{o1}}{\dot{U}_i} = -\frac{\beta R_C}{r_{be} + (1+\beta) R_E}$$

$$A_{u2} = \frac{\dot{U}_{o2}}{\dot{U}_i} = \frac{(1+\beta) R_E}{r_{be} + (1+\beta) R_E}$$

其中,电阻 r_{be} 的计算要考虑静态时工作电流 I_E,则

$$I_B = \frac{U_{CC} - U_{BE}}{R_B + (1+\beta) R_E} = \frac{12 - 0.7}{300 + (1+50) \times 2}\ \text{mA} = 0.028\ \text{mA}$$

$$I_E = (1+\beta) I_B = 51 \times 0.028\ \text{mA} = 1.43\ \text{mA}$$

$$r_{be} = 200 + (1+\beta) \frac{26}{I_E} = \left[200 + (1+50) \times \frac{26}{1.43}\right]\ \Omega = 1.23\ \text{k}\Omega$$

故各电压放大倍数为

$$A_{u1} = -\frac{50 \times 2}{1.43 + (1+50) \times 2} \approx 0.97$$

$$A_{u2} = \frac{51 \times 2}{1.43 + (1+50) \times 2} \approx 0.99$$

(3) 由上述计算结果可见,输出电压 $\dot{U}_{o1}$ 和 $\dot{U}_{o2}$ 的相位相反。

注意:该题输出电压分别有集电极和发射极引出,电压放大倍数的绝对值尽管相等,但其输出电阻有很大差异。集电极输出时输出电阻值较大,而发射极输出时输出电阻值较小。另外,可以达到两个相位相反的输出电压。

[习题 5.6]　图 5.3.6(a) 所示的电压放大电路,$\beta_1 = \beta_2 = 40$,其他元件参数已标明在电路图中。要求:

(1) 试求静态工作点。

(2) 画出微变等效电路。

(3) 计算输入电阻 r_i 和输出电阻 r_o。

(4) 计算电压放大倍数 A_u。

解　(1) 由图 5.3.6(a) 可见第一级与第二级的直流通路相互连接,各级的静态工作点相互影响。故静态分析的思路:$U_{B1} \to U_{E2} \to I_{E1}(I_{C1}) \to U_{C1} \to U_{E2} \to I_{E2} \to U_{CE2}$。

第一级静态值分别为

$$U_{B1} = \frac{R_{B2}}{R_{B1} + R_{B2}} U_{CC} = \frac{8.2}{8.2 + 33} \times 20\ \text{V} \approx 3.98\ \text{V}$$

$$I_{E1} = \frac{U_{B1} - U_{BE1}}{R'_{E1} + R''_{E1}} = \frac{3.98 - 0.7}{3.3 + 0.39}\ \text{mA} \approx 1\ \text{mA}$$

$$I_{B1}=\frac{I_{C1}}{\beta}=\frac{1}{50}\ \text{mA}\approx 20\ \mu\text{A}$$

$$U_{CE1}=U_{CC}-(R'_{E1}+R''_{E2}+R_{C2})I_{E1}=(20-13.39\times 1)\ \text{V}=6.61\ \text{V}$$

第二级静态值分别为

$$U_{B2}=U_{C1}=U_{CC}-R_{C1}I_{C1}=(20-10\times 1)\ \text{V}=10\ \text{V}$$

$$I_{E2}=\frac{U_{C2}-U_{BE2}}{R_{E2}}=\frac{10-0.7}{5.1}\ \text{mA}\approx 1.82\ \text{mA}$$

$$I_{B2}=\frac{I_{C2}}{\beta}=\frac{1.82}{50}\ \text{mA}\approx 36.4\ \mu\text{A}$$

$$U_{CE2}=U_{CC}-R_{E2}I_{E1}=(20-5.1\times 1.82)\ \text{V}=10.7\ \text{V}$$

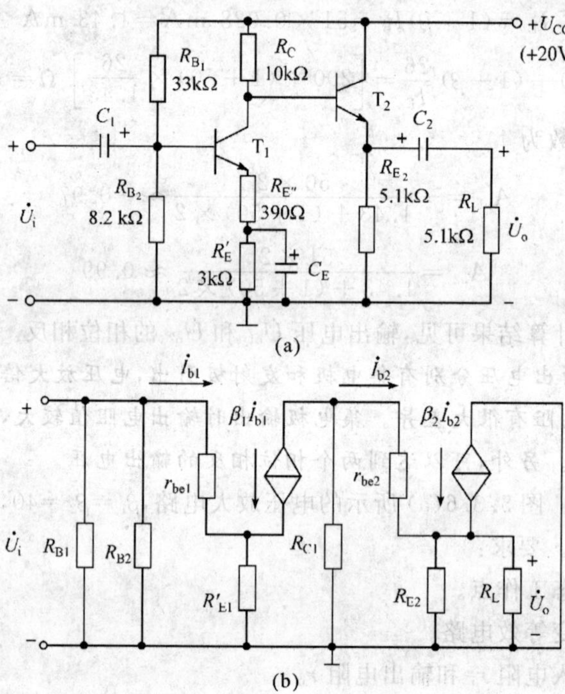

图 5.3.6 习题 5.6 的图

(2) 微变等效电路如图 5.3.6(b) 所示。

(3) 两级放大电路的输入电阻 r_i 就是第一级的输入电阻 r_{i1}。因

$$r_{be1}=200+(1+\beta_1)\frac{26}{I_{E1}}=\left[200+(1+40)\frac{26}{1}\right]\ \Omega=1.266\ \text{k}\Omega$$

故有

$$r_i=R_{B1}\ //\ R_{B2}\ //\ [r_{be1}+(1+\beta_1)R''_{E1}]=$$

$$\{33\ //\ 8.2\ //\ [1.266+(1+40)\times 0.39]\}\ \text{k}\Omega=4.75\ \text{k}\Omega$$

两级放大电路的输出电阻 r_o 就是第二级的输出电阻 r_{o2}。又因

$$r_{be2}=200+(1+\beta_2)\frac{26}{I_{E2}}=\left[200+(1+40)\frac{26}{1.82}\right]\Omega=0.786\ \text{k}\Omega$$

所以，输出电阻 r_o 为

$$r_o=R_{E2}\ /\!/\ \frac{r_{be2}+R_{C1}}{1+\beta_2}=\left(51\ /\!/\ \frac{0.786+10}{41}\right)\ \text{k}\Omega=0.262\ \text{k}\Omega$$

(4) 计算电压放大倍数时，必须考虑第二级的输入电阻 r_{i2} 和第一级的等效负载电阻 R'_{L1}。则有

$$R'_L=R_{E2}\ /\!/\ R_L=(5.1\ /\!/\ 5.1)\ \text{k}\Omega=2.55\ \text{k}\Omega$$

$$r_{i2}=r_{be2}+(1+\beta_2)R'_L=[0.786+(1+40)\times 2.55]\ \text{k}\Omega=105.34\ \text{k}\Omega$$

$$R'_{L1}=R_{C1}\ /\!/\ r_{i2}=(10\ /\!/\ 105.34)\ \text{k}\Omega=9.13\ \text{k}\Omega$$

所以，第一级的放大倍数 A_{u1} 为

$$A_{u1}=-\frac{\beta_1 R'_{L1}}{r_{be1}+(1+\beta_1)R''_{E1}}=-\frac{40\times 9.13}{0.786+(1+40)\times 0.39}=-21.78$$

第二级的放大倍数 A_{u2} 为

$$A_{u2}=\frac{(1+\beta_2)R'_L}{r_{be2}+(1+\beta_2)R'_L}=\frac{(1+40)\times 2.55}{0.786+(1+40)\times 2.55}=0.99$$

放大电路的放大倍数 A_u 为

$$A_u=A_{u1}\times A_{u2}=(-21.78)\times 0.99=-21.56$$

注意：在计算第一级放大倍数时，必须将第二级的输入电阻作为第一级的负载电阻考虑。

[习题 5.7]　图 5.3.7 所示是单端输入、双端输出的差动放大电路。已知 $\beta_1=\beta_2=50$，输入电压 $U_S=10$ mV 为正弦电压有效值，其他元件参数如电路所示。试求：

(1) 静态工作点，并指出偏流的流经路径。

(2) 输出电压 U_o。

(3) 当输出端接有负载电阻 $R_L=12$ kΩ 时的电压放大倍数。

(4) 输入电阻 r_i 和输出电阻 r_o。

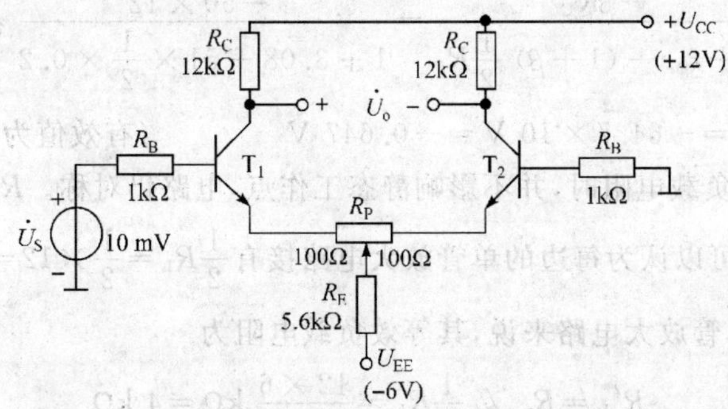

图 5.3.7　习题 5.7 的图

解 (1) 静态工作点。

由 T_1 管的输入回路列写电压方程

$$R_B I_B + U_{BE} + (1+\beta) I_B \times \frac{1}{2} R_P + 2(1+\beta) I_B \times R_E = U_{EE}$$

又因为

$$I_B = \frac{U_{EE} - U_{BE}}{R_B + (1+\beta)\left(\frac{1}{2}R_P + 2R_E\right)} =$$

$$\frac{6-0.6}{1+(1+50)\times\left(\frac{1}{2}\times 0.2 + 2\times 5.6\right)} = 9.2\ \mu A$$

$$I_{C1} = I_{C2} = \beta I_B = 50 \times 9.2 \times 10^{-3}\ mA = 0.46\ mA$$

$$2I_E \approx 2I_{C1} = 2 \times 0.46\ mA = 0.92\ mA$$

$$U_{C1} = U_{C2} = U_{CC} - I_{C1}R_C = 12 - 0.46 \times 12\ V = 6.48\ V$$

$$U_E = I_{C1} \times \frac{1}{2}R_P + 2I_E \times R_E - U_{EE} =$$

$$\left[0.46 \times \frac{1}{2} \times 0.2 + 0.92 \times 5.6 - 6\right]\ V = -0.8\ V$$

$$U_{CE} = U_{C1} - U_E = [6.48 - (-0.8)]\ V = 7.28\ V$$

偏流的路径，左边为

$$地 \to U_S \to R_B \to T_1 \to \frac{1}{2}R_P \to R_E \to -U_{EE}$$

右边为

$$地 \to R_B \to T_2 \to \frac{1}{2}R_P \to R_E \to U_{EE}$$

(2) 输出电压。

$$r_{be} = 200 + (1+\beta)\frac{26}{I_E} = \left[200 + (1+50) \times \frac{26}{0.46}\right]\ \Omega = 3.08\ k\Omega$$

$$A_d = \frac{-\beta R_C}{R_B + r_{be} + (1+\beta)\frac{1}{2}R_P} = \frac{-50 \times 12}{1 + 3.08 + 51 \times \frac{1}{2} \times 0.2} \approx -64.7$$

$U_o = A_d U_S = -64.7 \times 10\ V = -0.647\ V$ （有效值为 $U_o = 0.647\ V$）

(3) 当接上负载电阻时，并不影响静态工作点，电路仍对称。R_L 的一半处必然是地电位，因此可以认为每边的单管放大电路接有 $\frac{1}{2}R_L = \frac{1}{2} \times 12 = 6\ k\Omega$ 的负载电阻。对于每边单管放大电路来说，其等效负载电阻为

$$R'_L = R_C \ /\!/ \ \frac{1}{2}R_L = \frac{12 \times 6}{12+6}\ k\Omega = 4\ k\Omega$$

$$A_d=\frac{\beta R'_L}{R_B+r_{be}+(1+\beta)\frac{1}{2}R_P}=\frac{50\times 4}{1+3.08+(1+50)\times\frac{1}{2}\times 0.2}=-21.55$$

(4) 求输入电阻 r_i 及输出电阻 r。

$$r_i=2\left[R_B+r_{be}+(1+\beta)\frac{1}{2}R_P\right]=$$

$$\left\{2\times\left[1+3.08+(1+50)\times\frac{1}{2}\times 0.2\right]\right\}\ \text{k}\Omega=18.36\ \text{k}\Omega$$

在上述输入电阻中,由于 R_E 中的两信号电流近似相互抵消,故可将 R_E 视为开路。

$$r_o=2R_C=2\times 12=24\ \text{k}\Omega$$

差模电压放大倍数与输出方式有关,而与输入方式无关。双端输出时,其差模电压放大倍数等于每一边单管放大电路的电压放大倍数。单端输出时,差模电压放大倍数只有每一边单管放大电路的电压放大倍数的一半。无论是单端输入还是双端输入,输入电阻均相同。双端输出时的输出电阻 $r_o=2R_C$,单端输出时的输出电阻 $r_o=R_C$。

[习题 5.9]　图 5.3.8 所示电路中,设各管的发射结压降为 0.6 V。要求:

(1) 指出该放大电路是什么电路?

(2) T_4,T_5 是如何连接的,起什么作用?

(3) 在静态时,$U_A=0$ V,这时 T_3 管的集电极电位 U_{C3} 应调到多少?

解　(1) 该电路为 OCL(无电容输出)功率放大电路。

(2) T_1,T_2 管组成互补对称电路作输出级,由于采用射极输出,故输出电阻小,带负载能力较强;T_4,T_5 静态时为 T_1,T_2 管发射极提供适当的偏置电压,使功率放大电路工作在甲乙类状态,从而有效地克服交越失真,起到二极管作用;T_3 为驱动级。

(3) 当静态 $U_A=0$ V 时,T_3 管的集电极电位 U_{C3} 应调到 -0.6 V。

注意: OTL 互补对称功率放大电路由于大容量的电容器耦合,故严重影响低频性能和无法实现集成化。采用 OCL 互补对称功率放大电路可克服上述不足,但电路需要正负两个电源。

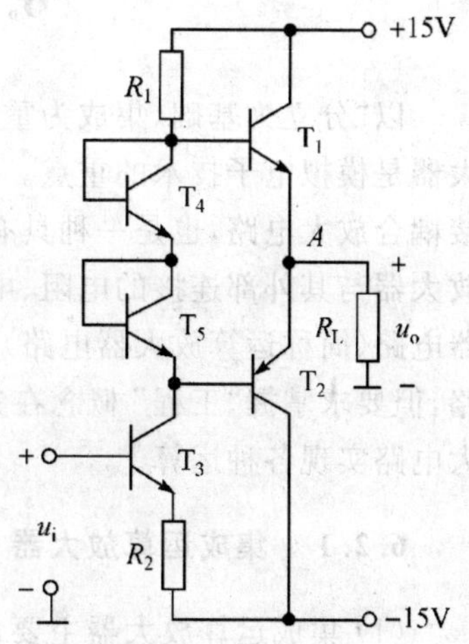

图 5.3.8　习题 5.9 的图

第6章　集成运算放大器

6.1 基本要求

(1) 了解集成运算放大器组成与主要参数意义；

(2) 理解集成运算放大器的电压传输特性，掌握理想运算放大器的基本分析方法；

(3) 了解集成运算放大电路中反馈的基本概念；

(4) 掌握放大电路中直流、交流反馈，以及正反馈和负反馈的判别方法；

(5) 了解负反馈对放大电路性能的影响；

(6) 理解用运算放大器组成的比例、加减、微分和积分运算电路的工作原理；

(7) 理解电压比较器的工作原理与应用；

(8) 了解正弦波振荡电路自激振荡的条件。

6.2 学习指导

以“分立为基础，集成为重点”，是学习模拟电子技术的基本要求，集成运算放大器是模拟电子技术的重点。集成运算放大器是一种具有很高放大倍数的多级直接耦合放大电路，也是一种具有高增益、高可靠性、低成本和小体积的器件。运算放大器与其外部连接的电阻、电容、半导体器件等构成的电路，称为集成运算放大器电路(简称运算放大器电路)。学习过程中不要求掌握集成运算电路内部具体电路，但要求掌握“工程”概念在集成运算电路分析中的应用。重点在于利用运算放大电路实现各种运算。

6.2.1 集成运算放大器

(1) 集成运算放大器主要由输入级、中间级、输出级和偏置电路几个部分组成。输入级多采用差动放大电路，中间级通常由共发射极放大电路构成，而输出级通常由互补对称电路构成，偏置电路的主要作用是向电路各部分提供合适的静态工作点。

(2) 理想运算放大器的条件是：开环电压放大倍数为无穷大，输入电阻为无穷大，输出电阻为零，共模抑制比为无穷大。教材中采用理想运算放大器作为分析电路，目的在于简化分析过程。

(3) 运算放大器工作在线性区时，分析时要掌握两个重要依据：两个输入端的输入电流为零（虚断路），即 $i_+ \approx i_-$；两个输入端没有电位差（虚短路），即$u_+ \approx u_-$。

(4) 运算放大器工作在饱和区时，两个输入端的输入电流也为零，但是 u_+ 和 u_- 不一定相等，输出电压可能等于 $+U_{o(sat)}$，也可能等于 $-U_{o(sat)}$。

(5) 集成运算放大器的开环电压放大倍数很高，工作在线性区时，通常引入深度电压负反馈。输出电压和输入电压的关系取决于反馈电路和输入电路的结构和参数，而与运算放大器本身参数关系不大。改变输入电路和反馈电路的结构形式，可实现不同的运算。

6.2.2　放大电路中反馈概念

1. 反馈

所谓的反馈，就是将放人电路中的输出信号的部分或全部，经过一定的电路元件（或网络）馈送到放大电路的输入端，并将反馈信号与输入信号进行比较。

2. 直流反馈与交流反馈

直流反馈指在放大电路直流通路中存在联系输入和输出的元件，主要是用来稳定静态工作点；交流反馈指在放大电路交流通路中存在联系输入和输出的元件，主要用来改善放大电路的性能。

3 正反馈与负反馈.

如果经反馈元件馈送到输入端的信号（或反馈信号）与原输入信号比较使得放大电路的净输入信号增强，则称为正反馈；如果使得净输入信号减弱，则称为负反馈。

4. 电压反馈与电流反馈

如果反馈信号正比于输出电压信号，则为电压反馈，主要用来稳定输出电压；如果反馈信号正比于输出电流信号，则为电流反馈，主要用来稳定输出电流。

5. 串联反馈与并联反馈

在交流放大电路输入回路的比较端，如果输入信号、反馈信号和净输入信号三者为串联关系，则称为串联反馈；如果三者为并联关系，则称为并联反馈。

6.2.3　放大电路中反馈判别

判别电子电路反馈类型时，首先判别输出端与输入端有无电阻或电阻与电容串联的反馈电路；其次再判别是什么性质的反馈。判别反馈性质主要有以下几种：

(1) 判别直流、交流反馈，可分别用直流通路或交流通路判别。反馈电路中电阻与电容并联仅有直流反馈；反馈电路中电阻和电容串联则仅有交流反馈；如果反馈电路中电阻无串、并联电容,则既有直流反馈又有交流反馈。

(2) 判别正、负反馈,通常采用瞬时极性法。对单级运算放大电路,反馈电路从输出端引回到同相输入端时为正反馈;引回到反相输入端时为负反馈。对于分立元件电路,使净输入信号降低为负反馈;反之为正反馈。

(3) 判别电压、电流反馈,反馈信号取自输出端为电压反馈,即假设输出信号为零($x_o=0$),反馈信号消失($x_f=0$);反馈信号取自与输出端串联的电阻上为电流反馈,即假设输出信号为零,反馈信号存在。

(4) 判别串、并联反馈,对于运算放大电路,反馈信号和输入信号分别接在不同两个输入端时为串联反馈;而接在同一输入端时为并联反馈。对于分立元件电路,反馈信号接在发射极时为串联反馈;接在基极时为并联反馈。

(5) 在放大电路中引入负反馈后,虽然降低了放大倍数,但改善了放大电路的工作性能:如提高放大倍数的稳定性;改善波形失真,展宽通频带;串联反馈能提高输入电阻,电压反馈能减小输出电阻;电流反馈能稳定输出电流,电压反馈能稳定输出电压。

6.2.4 集成运算放大器应用

1. 线性应用

所谓的线性应用是指运算放大器在引入深度负反馈时,工作在线性状态,即输出电压 u_o 和输入电压 u_i 为线性放大控制关系。线性应用是依据运算放大器的反馈电路和输入电路不同的结构形式,实现各种不同的信号运算和处理。线性应用常见电路及其特征,如表 6.2.1 所示。

表 6.2.1 运算放大器线性应用电路

名　称	电　路	传输关系	说　明
反相比例运算电路	R_F, R_1, R_2, u_i, u_o, ▷∞, −, +	$\frac{u_o}{u_i}=-\frac{R_F}{R_1}$	电压并联负反馈
同相比例运算电路	R_F, R_1, R_2, u_i, u_o, ▷∞, −, +	$\frac{u_o}{u_i}=1+\frac{R_F}{R_1}$	电压串联负反馈
电压跟随电路	R_2, u_i, u_o, ▷∞, −, +	$\frac{u_o}{u_i}=1$	电压串联负反馈

续表

名　称	电　路	传输关系	说　明
反相加法运算电路	u_{i1}, u_{i2}, R_{11}, R_{12}, R_F, R_2, u_o	$u_o = -\frac{R_F}{R_1}(u_{i1}+u_{i2})$ $(R_{11}=R_{12}=R_1)$	电压并联负反馈
差分减法运算电路	u_{i1}, u_{i2}, R_1, R_2, R_3, R_F, u_o	$u_o = \frac{R_F}{R_1}(u_{i2}-u_{i1})$ $(R_1=R_2, R_F=R_3)$	差分输入
积分运算电路	u_i, R_1, R_2, C_F, u_o	$u_o = \frac{1}{R_1 C_F}\int u_i \mathrm{d}t$	电压并联负反馈
微分运算电路	u_i, C_1, R_2, R_F, u_o	$u_o = -R_F C_1 \frac{\mathrm{d}u_i}{\mathrm{d}t}$	电压并联负反馈
有源低通滤波电路	u_i, R_1, R, R_F, C, u_o	$\frac{U_o}{U_i} = \frac{1+\frac{R_F}{R_1}}{\sqrt{1+\left(\frac{\omega}{\omega_o}\right)^2}}$	电压串联负反馈

2. 非线性应用

所谓的非线性应用是指运算放大器在开环或引入正反馈时工作在饱和工作状态，输出电压 u_o 和输入电压 u_i 是非线性放大控制关系，如表 6.2.2 所示。

表 6.2.2　运算放大器的非线性应用电路

名称		电路	传输特性	说明
任意电压比较电路	反相输入	u_i, R_1, U_R, R_2, u_o	$+U_{o(sat)}$, u_o, U_R, O, u_i	$u_+=U_R$，$u_-=u_i$ $u_i>U_R$ 时，$u_o=-U_{o(sat)}$ $u_i<U_R$ 时，$u_o=+U_{o(sat)}$ $U_R=0$ 时为过零比较电路
	同相输入	U_R, R_1, u_i, R_2, u_o	$+U_{o(sat)}$, u_o, U_R, O, u_i, $-U_{o(sat)}$	$u_+=u_i$，$u_-=U_R$ $u_i>U_R$ 时，$u_o=+U_{o(sat)}$ $u_i<U_R$ 时，$u_o=-U_{o(sat)}$ $U_R=0$ 时为过零比较电路
限幅过零比较电路		D_Z, u_i, R_1, R_2, u_o	u_o, $+U_Z$, O, u_i, $-U_Z$	$u_i>0$ 时，$u_o=-U_Z$ $u_i<0$ 时，$u_o=+U_Z$

6.2.5　自激振荡

1. 振荡条件

相位条件：$\dot{U}_f$ 与 $\dot{U}_i$ 同相；幅值条件：$U_f=U_i$，$|A_uF|=1$。

2. 振荡建立

起振时必须 $|A_uF|>1$，从 $|A_uF|>1$ 到 $|A_uF|=1$ 是振荡建立过程，反馈电压和输出电压的幅度不断增大（正反馈），到达稳定。

3. 振荡稳定

这是由于反馈元件或晶体管的非线性，使振荡幅度自动稳定下来。

6.3　习题选解

［习题 6.1］　在图 6.3.1 所示的各电路中，判断哪些是直流反馈？ 哪些是交流反馈？ 哪些是正反馈？ 哪些是负反馈？哪些是串联反馈？哪些是并联反馈？哪些是电压反馈？ 哪些是电流反馈？

解　图 6.3.1(a) 中的 R_{F1}，R_{F2} 和 R_F 分别既有直流反馈，又有交流反馈。电路中各交流反馈的类型分别为：R_{F1} 为本级的电压串联负反馈；R_{F2} 为本级的电压并联负反馈；R_F 为级间的电压并联负反馈。

图 6.3.1(b) 中的 R_{F1}，R_{F2} 分别既有直流反馈，又有交流反馈；R_F 支路串有电

容 C_F，所以仅有交流反馈。电路中各交流反馈的类型分别为：R_{F1} 为本级的电压并联负反馈；R_{F2} 为本级的电压并联负反馈；R_F 为级间的电压串联负反馈。

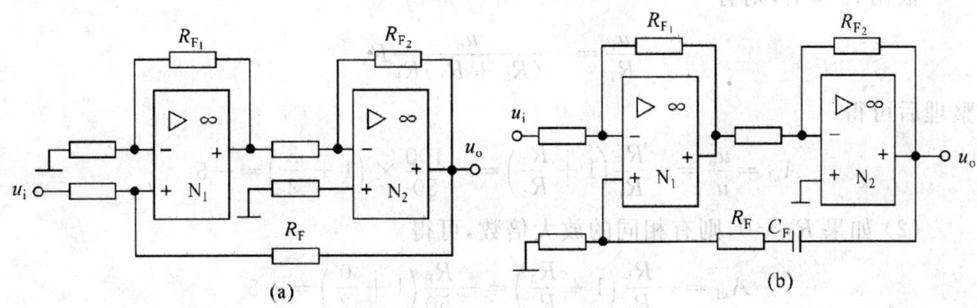

图 6.3.1　习题 6.1 的图

[习题 6.2]　已知一个负反馈放大电路的 $A=300$，$F=0.01$，试求：

(1) 负反馈放大电路的闭环电压放大倍数 A_f 为多少？

(2) 如果由于某种原因使 A 发生 $+6\%$ 的变化，则 A_f 的相对变化量为多少？

解　(1) 电路的闭环电压放大倍数为

$$A_f=\frac{A}{1+FA}=\frac{300}{1+0.01\times 300}=75$$

(2) 当放大器的 $\frac{dA}{A}$ 为 $\pm 6\%$ 时，$\frac{dA_f}{A_f}$ 为

$$\frac{dA_f}{A_f}=\frac{1}{1+FA}\times\frac{dA}{A}=\frac{1}{1+0.01\times 300}\times(\pm 6\%)=\pm 1.5\%$$

[习题 6.3]　图 6.3.2 所示电路中，已知 $R_1=50\ \text{k}\Omega$，$R_2=33\ \text{k}\Omega$，$R_3=3\ \text{k}\Omega$，$R_4=2\ \text{k}\Omega$，$R_F=100\ \text{k}\Omega$。试求：

(1) 电压放大倍数 A_f；

(2) 如果 $R_3=0$，要求得到同样大的电压放大倍数，R_F 的阻值应增大到多少？

解　(1) 根据“虚断”概念 $i_1\approx i_f$，电阻 R_2 接地，其两端电压为 0，即 $u_+=0$，由“虚短”概念，则 $u_+\approx u_-=0$（“虚地”概念）。

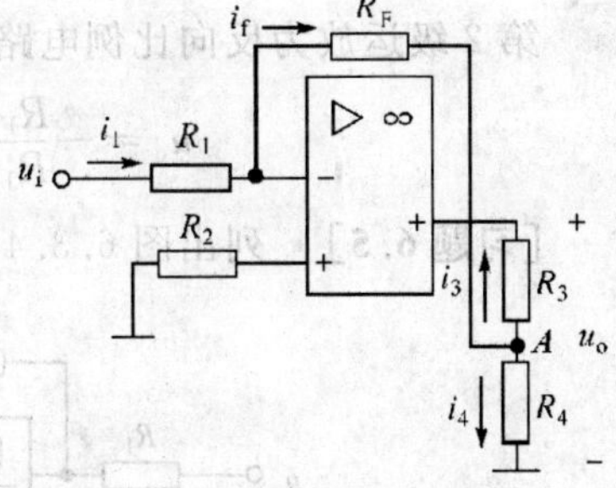

图 6.3.2　习题 6.3 的图

因 $u_+\approx u_-=0$ 和 $i_1\approx i_f$，故

$$i_1=\frac{u_i}{R_1}$$

又因 $R_F\gg R_4$，则有

$$u_A=\frac{u_o}{R_3+R_4}R_4$$

$$i_f = -\frac{u_A}{R_F} = -\frac{u_o}{(R_3 + R_4)R_F}R_4$$

根据 $i_1 \approx i_f$，则有

$$\frac{u_i}{R_1} = -\frac{u_o}{(R_3 + R_4)R_F}R_4$$

整理后可得

$$A_{uf} = \frac{u_o}{u_i} = -\frac{R_F}{R_1}\left(1 + \frac{R_3}{R_4}\right) = -\frac{100}{50} \times \left(1 + \frac{3}{2}\right) = -5$$

(2) 如果 $R_3 = 0$，则有相同的放大倍数，可得

$$A_{uf} = -\frac{R_F}{R_1}\left(1 + \frac{R_3}{R_4}\right) = -\frac{R_F}{50}\left(1 + \frac{0}{2}\right) = -5$$

则

$$R_F = 250\ \text{k}\Omega$$

[习题 6.4]　图 6.3.3 所示电路中，已知 $R_F = 2R_1$，$u_i = -2$ V，试求输出电压 u_o。

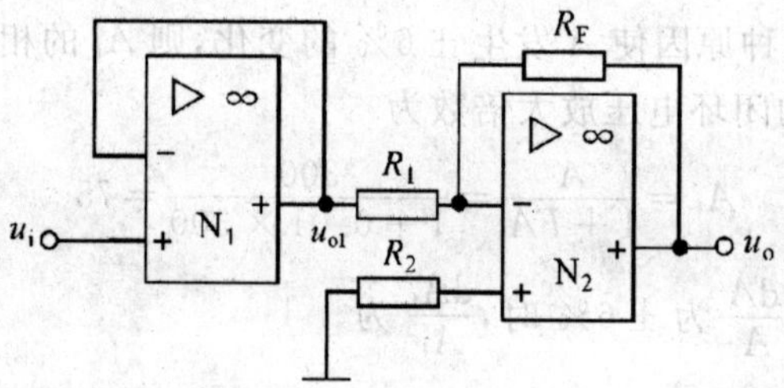

图 6.3.3　习题 6.4 的图

解　第 1 级运放为电压跟随器，其输出电压为

$$u_{o1} = u_1$$

第 2 级运放为反向比例电路，其输出电压为

$$u_o = -\frac{R_F}{R_1}u_{o1} = -2 \times (-2)\ \text{V} = 4\ \text{V}$$

[习题 6.5]　列出图 6.3.4 所示电路中输出电压 u_o 的表达式。

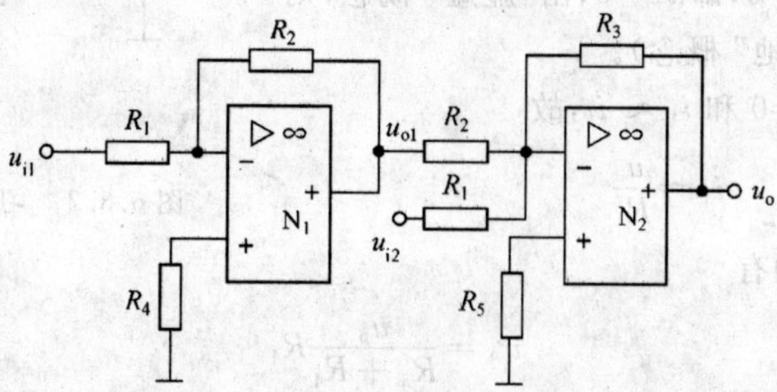

图 6.3.4　习题 6.5 的图

解　第 1 级运放为反向比例电路，其输出电压为

$$u_{o1}=-\frac{R_2}{R_1}u_{i1}$$

第 2 级运放为加法电路，其输出电压为

$$u_o=-\frac{R_3}{R_2}u_{o1}-\frac{R_3}{R_1}u_{i2}=-\frac{R_3}{R_2}\left(-\frac{R_2}{R_1}u_{i1}\right)-\frac{R_3}{R_1}u_{i2}=\frac{R_3}{R_1}(u_{i1}-u_{i2})$$

[习题 6.11]　图 6.3.5 是监控报警装置。如需对某一参数（如温度、压力等）进行监控时，可由传感器取得监控信号 u_i，U_R 是参考电压。当 u_i 超过正常值时，报警灯亮，试说明其工作原理。并说明二极管 D 和电阻 R_3 在此起何作用？

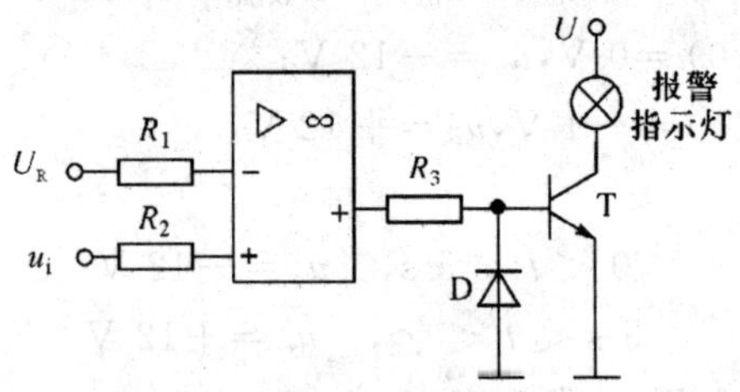

图 6.3.5　习题 6.11 的图

解　运算放大器构成比较电路。

当 $u_i<U_R$ 时，运算放大器反相饱和，其输出电压 $u_o=-U_{o(sat)}$，二极管 D 导通，晶体管 T 承受 -0.6 V 反向偏置，集电极电流 $I_C=0$，报警指示灯熄灭。故二极管 D 的作用是限制晶体管 T 反向电压过高时被击穿，电阻 R_3 的作用是限制二极管 D 电流的大小，从而对其进行保护。

当 $u_i>U_R$ 时，运算放大器正向饱和，其输出电压 $u_o=+U_{o(sat)}$，二极管 D 截止，晶体管 T 导通，报警指示灯亮，可对被监控对象进行监控。此时，电阻 R_3 作用是既限制三极管 T 基极电流，又为晶体管 T 提供基极偏置。

[习题 6.12]　图 6.3.6 所示电路中，集成运算放大器的最大输出电压为 ± 12 V，$u_1=0.04$ V，$u_2=-1$ V，电路参数如图所示。试问经过多长时间输出电压产生跳变？

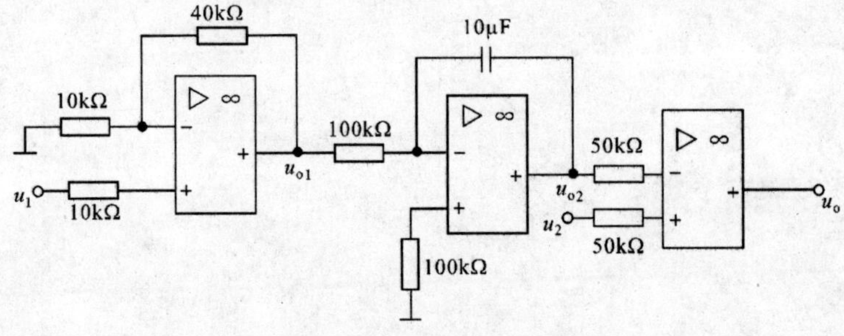

图 6.3.6　习题 6.12 的图

解　图 6.3.6 所示电路中第 1 级为同相比例运算电路，所以

$$u_{o1}=\left(1+\frac{R_F}{R_1}\right)u_1=\left(1+\frac{40}{10}\right)u_1=5u_1$$

第 2 级为积分运算电路，则有

$$u_{o2}=-\frac{1}{R_2C}\int u_{o1}\,dt=-\frac{1}{R_2C}\int 5u_1\,dt=-\frac{1}{100\times10^3\times10\times10^{-6}}\int 5u_1\,dt=$$

$$-5t\times0.04=0.2t$$

第 3 级为电压比较电路，即有

$$u_2>u_{o2},\quad u_o=+U_{o(sat)}=12\ \mathrm{V}$$

$$u_2<u_{o2},\quad u_o=-U_{o(sat)}=-12\ \mathrm{V}$$

当 $t=0$ s 时，$u_{o2}(0)=0$ V，$u_o=-12$ V；

当 $t=5$ s 时，$u_{o2}(5)=-1$ V，$u_o=+12$ V。

即

$$0<t<5\ \mathrm{s},\quad u_o=-12\ \mathrm{V}$$

$$5\ \mathrm{s}<t<\infty,\quad u_o=+12\ \mathrm{V}$$

所以，经过 5 s 后输出电压 u_o 发生突变。

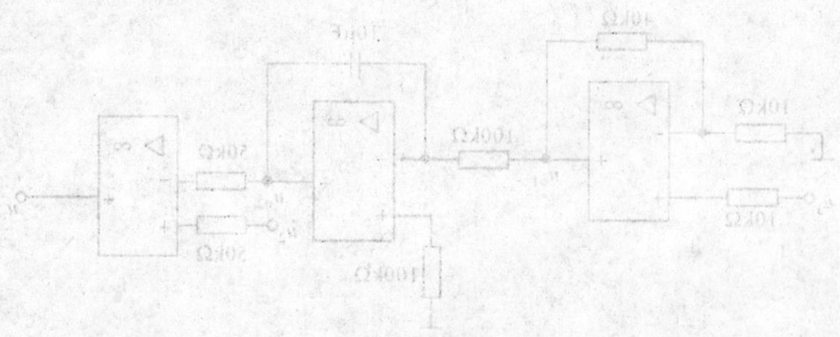

第 7 章　直流稳压电源

7.1　基本要求

(1) 了解二极管组成的不可控整流电路和滤波电路的工作原理；

(2) 了解稳压管稳压电路的工作原理；

(3) 了解集成稳压电路的应用；

(4) 了解晶闸管组成的可控整流电路。

7.2　学习指导

直流稳压电源由电源变压器、整流、滤波和稳压等电路组成。整流电路将交流电压变换为脉动的直流电压，滤波电路可减少电压的脉动而使之平滑，稳压电路的作用是当电源电压波动或负载电流发生变化时保持输出电压基本不变。本章的重点是半波和全波电路整流、滤波和稳压情况下电压与电流的关系。

7.2.1　不可控整流电路

(1) 整流电路的原理是利用二极管组成的电路将交流电压(流) 变为单一方向脉动的电压(流)。从输入的交流电源可将整流分为单相和三相整流电路。三相整流电路一般用于大功率直流电源，实际应用中大部分是单相整流电路。单相整流电路又分为单相半波和全波整流电路，两种整流电路二极管所承受的最高反向工作电压均为 $U_{DRM}=\sqrt{2}U$。因为半波整流电路输出脉动较大，变压器利用效率低，故实际应用中多为单相桥式整流电路。单相桥式整流电路需要四只整流二极管，输出电压脉动较小，电压较高。

(2) 在选择整流电路的整流二极管时，应使二极管的反向工作峰值电压 $U_{RM}>U_{DRM}$。前者是管子的参数，后者是管子在实际电路中所承受的最高反向电压值。

(3) 几种常见整流电路的变压器副边电流有效值 I 的计算。

单相半波整流

$$I_o=\frac{1}{2\pi}\int_0^{\pi}I_m\sin\omega t\,d(\omega t)=\frac{I_m}{\pi}$$

则有效值为

$$I=\sqrt{\frac{1}{2\pi}\int_0^{\pi}(I_m\sin\omega t)^2d(\omega t)}=\frac{I_m}{2}=\frac{\pi}{2}I_o=1.57I_o$$

单相桥式整流

$$I_o=\frac{2I_m}{\pi}$$

则有效值为

$$I=\sqrt{\frac{1}{\pi}\int_0^{\pi}(I_m\sin\omega t)^2d(\omega t)}=\frac{I_m}{\sqrt{2}}=\frac{\pi}{2\sqrt{2}}I_o=1.11I_o$$

7.2.2 滤波电路

(1) 滤波电路的工作原理是利用储能元件(L,C) 改善整流电路输出电压的脉动程度,使得负载上得到脉动幅度较小的输出电压或电流。

(2) 常用的滤波电路形式有电容滤波器、电感滤波器、π 型滤波器等。负载电流较小时可采用电容滤波器;负载电流较大时应采用电感滤波器;要求输出电压脉动较小时可采用 π 型滤波器。

(3) 电容滤波(接有负载电阻 R_L) 特点如下:

半波整流电路

$$U_o=U$$

$$U_{DRM}=2\sqrt{2}U$$

桥式整流电路

$$U_o=1.2U$$

$$U_{DRM}=\sqrt{2}U$$

7.2.3 稳压电路

(1) 稳压电路主要由稳压二极管组成,其是一种特殊的半导体二极管,反向击穿电压低,反向击穿特性陡,可以反复击穿。

(2) 常用的稳压电路有稳压管稳压电路和串联型稳压电路两种形式。稳压管稳压电路的工作原理是利用稳压管两端电压的较小变化使输出电流有较大变化。应注意的是稳压管稳压电路中的限流电阻 R 必不可少,且阻值要适当。

(3) 集成稳压电路是将串联型稳压电路中的各元件封装到同一硅片上,具有体积小、使用方便和工作可靠的特点。其中 W78 ×× 和 W79 ×× 系列三端稳压器应用最为广泛。

(4) 集成稳压电路可用来构建提高输出电压电路、提高输出电流电路和输出电压可调式稳压电路。

(5) 开关稳压电路依靠调整管的调整作用稳定输出电压，由开关调整管、脉宽调制电路和滤波电路构成，具有效率高、稳压范围宽、滤波效果好的特点。

7.2.4　可控整流电路

(1) 由晶闸管组成的可控整流电路，可将交流电变为输出量可变的直流电，输出量受晶闸管门极信号的控制，具有弱电控制、强电输出的特点。

(2) 晶闸管导通的条件是阴极和阳极之间加正向电压，门极也加正向电压。门极只需加正向脉冲电压，可使晶闸管导通。导通以后，门极失去控制作用。

(3) 常用单相桥式可控整流电路与单相桥式整流电路相似，但是二极管用晶闸管替代。改变晶闸管控制角，可改变输出电压和输出电流大小。

7.3　习题选解

［习题 7.1］　某直流稳压电源，负载电压 $U_o=30$ V，电流 $I_o=150$ mA，拟采用单相桥式整流电路，带电容滤波（见图 7.3.1）。已知交流电源的频率 $f=50$ Hz。要求：

(1) 选择适当的二极管型号。

(2) 选择滤波电路的滤波电容 C。

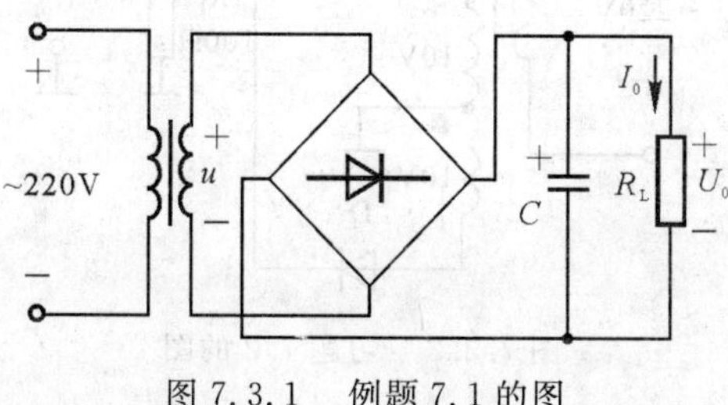

图 7.3.1　例题 7.1 的图

解　根据已知条件，负载电阻为

$$R_L=\frac{U_o}{I_o}=\frac{30}{0.15}\ \Omega=200\ \Omega$$

$$T=\frac{1}{50}\ \text{S}=0.02\ \text{S}$$

电路时间常数为

$$R_LC=4\times\frac{T}{2}=0.04\ \text{S}$$

所以

$$C=\frac{0.04}{R_L}=\frac{0.04}{200}\ \mu F=200\ \mu F$$

考虑到 $U_o=30$ V，留有余量，可选择耐压 50 V，200 μF 的电解电容。

当 $R_LC\geqslant(3\sim5)\frac{T}{2}$ 时，$U_o\approx1.2U=30$ V，则有

$$U=\frac{U_o}{1.2}=\frac{30}{1.2}\ V=25\ V$$

注意：桥式整流电路有电容滤波时，要求整流二极管最高反向耐压不小于 $\sqrt{2}U=\sqrt{2}\times25\approx35$ V，每个管子的平均工作电流为 $I_o/2=75$ mA，为留有余量，可按 $U_{DRM}\geqslant50$ V，$I_D\geqslant100$ mA 选二极管，查手册则所选的二极管为 2CP11。

［**习题 7.2**］　有一整流电路如图 7.3.2 所示。试求：

(1) 负载电阻 R_{L1}，R_{L2} 上的整流电压的平均值 U_{o1}，U_{o2}，并标出极性。

(2) 二极管 D_1，D_2，D_3 中流过的平均电流 I_{D1}，I_{D2} 和 I_{D3}。

(3) 二极管 D_1，D_2，D_3 分别所承受的最高反向电压。

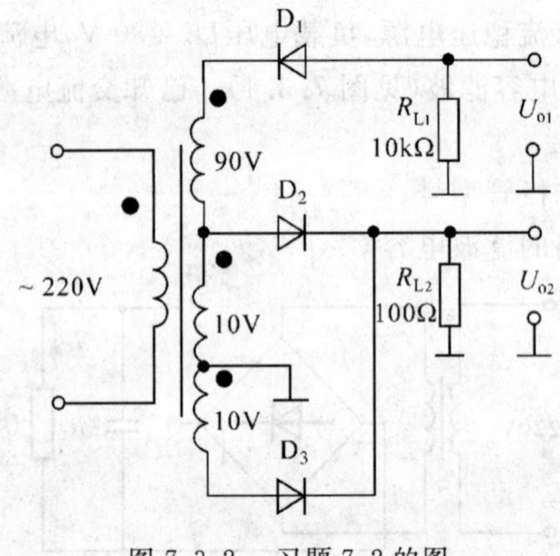

图 7.3.2　习题 7.2 的图

解　图 7.3.2 所示电路由半波和全波整流电路组合而成。半波整流由 90 V 和 10 V(上端) 副绕组，以及 D_1 和电阻 R_{L1} 组成；全波整流由 10 V 两个副绕组，D_2，D_3 和电阻 R_{L2} 组成。

(1) 半波整流输出电压为

$$U_{o1}=0.45U_2=0.45\times(90+10)\ V=45\ V$$

全波整流输出电压为

$$U_{o2}=0.9U_2=0.9\times10\ V=9\ V$$

电压极性：U_{o1} 电阻 R_{L1} 上端为"－"，下端为"＋"；U_{o1} 电阻 R_{L2} 上端为"＋"，下

端为“—”。

(2) 通过 D_1 的平均电流为

$$I_{D1}=I_{L1}=\frac{U_{o1}}{R_{L1}}=\frac{45}{10}\ \text{mA}=4.5\ \text{mA}$$

D_1 的最高反向电压为

$$U_{DRM}=\sqrt{2}U_2=\sqrt{2}\times(90+10)\ \text{V}=141\ \text{V}$$

(3) 通过 D_2 和 D_3 的电流为

$$I_{D2}=I_{D3}=\frac{1}{2}\frac{U_{o2}}{R_{L2}}=\frac{1}{2}\times\frac{9}{10}\ \text{mA}=0.45\ \text{mA}$$

D_2 和 D_3 的最高反向电压为

$$U_{DRM2}=U_{DRM3}=2\sqrt{2}U_2=2\sqrt{2}\times 10\ \text{V}=28.2\ \text{V}$$

[习题 7.3]　一直流稳压电源如图 7.3.3 所示，已知 $U_Z=15$ V。试问：

(1) 输出电压 U_o 的极性和大小如何？

(2) 负载电阻最小应为多少？

(3) 如果将稳压管 D_Z 反接，后果又如何？

(4) 如果 $R=0$，又将如何？

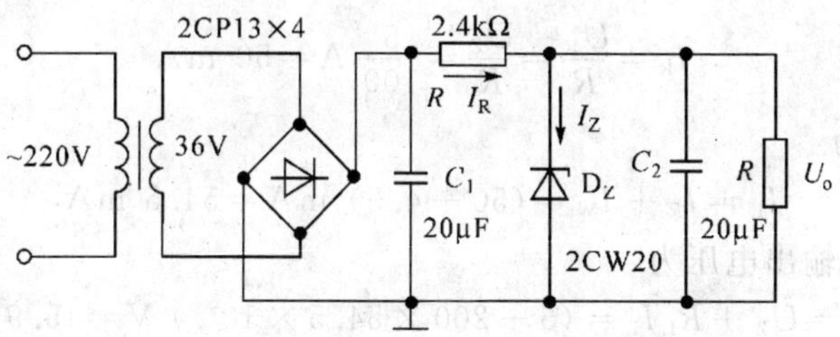

图 7.3.3　习题 7.3 的图

解　(1) 输出电压 $U_o=U_Z=15$ V，为上“+”，下“—”。

(2) 查手册，2CW20 的稳定工作电流 $I_Z=5$ mA，最大稳定电流 $I_{ZM}=15$ mA。又因为

$$I_R=\frac{U_{C1}-U_Z}{R}\approx\frac{43-15}{2.4}\ \text{mA}=11.67\ \text{mA}$$

当负载电阻 R_L 最小时，应保证 $I_Z=5$ mA，故

$$R_L\geqslant\frac{U_Z}{I_R-I_Z}=\frac{15}{11.67-5}\ \text{k}\Omega=2.25\ \text{k}\Omega$$

所以有

$$R_{Lmin}\approx 2.25\ \text{k}\Omega$$

(3) 如果将稳压管 D_Z 接反，稳压管在电路中作用等同二极管，则限定输出约

为 0.7 V。

(4) 如果限流电阻 $R=0$ 时，电路将失去调节作用；稳压管 D_Z 与电容 C_1 并联，则稳压管的端电压大于 15 V，故流过稳压管 D_Z 的电流过大而使其损坏。

[习题 7.4] 在图 7.3.4 所示电路中，已知 $I_W=4.5$ mA。当电阻 $R=100\ \Omega$，$R_L=200\ \Omega$ 时，试求：

(1) 负载电阻电流 I_L。

(2) 电路的输出电压 U_o。

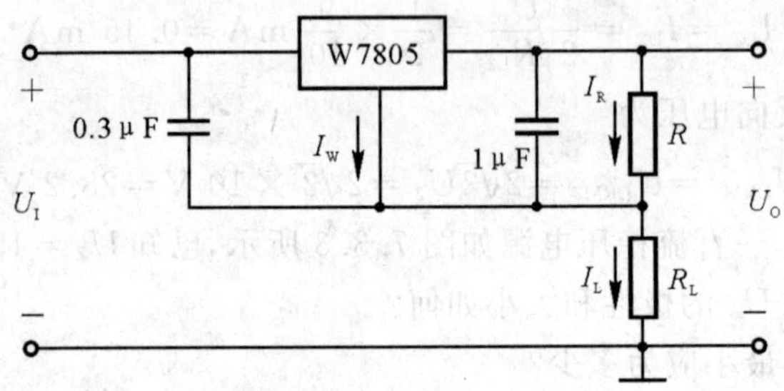

图 7.3.4 习题 7.4 的图

解 (1) 电阻 R 上的电流为

$$I_R=\frac{U_R}{R}=\frac{U_Z}{R}=\frac{5}{100}\ \mathrm{A}=50\ \mathrm{mA}$$

负载电阻电流为

$$I_L=I_R+I_W=(50+4.5)\ \mathrm{mA}=54.5\ \mathrm{mA}$$

(2) 电路的输出电压为

$$U_o=U_Z+R_LI_L=(5+200\times 54.5\times 10^{-3})\ \mathrm{V}=15.9\ \mathrm{V}$$

[习题 7.5] 利用 W7805 和运算放大器组成的输出电压可调的稳压电源，如图 7.3.5 所示，试计算输出电压的调节范围。

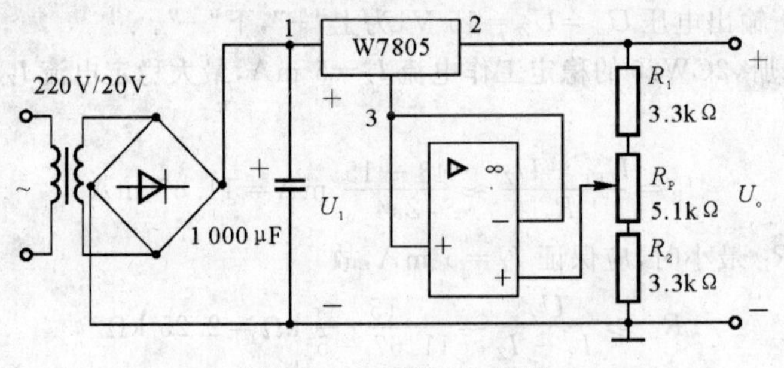

图 7.3.5 习题 7.5 的图

解 运算放大器接电压跟随器，输出端电位和同相输出端电位相同，而 $u_+=$

u_-，因此图中 $U_{XX}=5\text{ V}$。

$$U_{Omin}=\frac{R_1+R_P+R_2}{R_1+R_P}\times U_{XX}=\frac{3.3+5.1+3.3}{3.3+5.1}\times 5\text{ V}=6.96\text{ V}$$

$$U_{Omax}=\frac{R_1+R_P+R_2}{R_1}\times U_{XX}=\frac{3.3+5.1+3.3}{3.3}\times 5\text{ V}=17.73\text{ V}$$

输出电压 U_O 的调节范围为 6.96 V ~ 17.73 V。

[习题 7.6]　某一电阻性负载，需要可调直流电压 0 ~ 60 V、电流 0 ~ 30 A。今采用单相半波可控整流电路，直接由 220 V 电网供电。计算晶闸管的导通角、电流的有效值，并选用晶闸管。

解　(1) 求导通角。

$$U_O=0.45U\times\frac{1+\cos\alpha}{2}$$

$$60=0.45\times 220\times\frac{1+\cos\alpha}{2}$$

则

$$\cos\alpha=\frac{60\times 2}{0.45\times 220}-1=0.212$$

$$\alpha=77.76^\circ$$

导通角为

$$\theta=180^\circ-\alpha=180^\circ-77.76^\circ=102.24^\circ$$

(2) 求电流的有效值。

$$I=\sqrt{\frac{1}{2\pi}\int_\alpha^\pi\left(\frac{\sqrt{2}U}{R_L}\sin\omega t\right)^2\mathrm{d}(\omega t)}=\frac{U}{R_L}\sqrt{\frac{1}{4\pi}\sin 2\alpha+\frac{\pi-\alpha}{2\pi}}=$$

$$\frac{U}{U_O}I_O\sqrt{\frac{1}{4\pi}\sin 2\alpha+\frac{\pi-\alpha}{2\pi}}=\frac{220}{60}\times 30\times\sqrt{\frac{1}{4\pi}\sin 2\times 77.76^\circ+\frac{\pi-1.36}{2\pi}}\text{ A}=62\text{ A}$$

(3) 选晶闸管。

晶闸管承受的最高正向电压和最高反向电压为

$$U_{FM}=U_{RM}=\sqrt{2}U=\sqrt{2}\times 220\text{ V}=310\text{ V}$$

由

$$U_{DRM}\geqslant(2\sim 3)U_{FM}=(2\sim 3)\times 310\text{ V}=620\sim 930\text{ V}$$

$$U_{RRM}\geqslant(2\sim 3)U_{RM}=(2\sim 3)\times 310\text{ V}=620\sim 930\text{ V}$$

$$I_T=I_o=30\text{ A}$$

晶闸管可选用 KP50—6。

第 8 章　门电路与组合逻辑电路

8.1　基本要求

(1) 掌握与门、或门、非门、与非门和异或门等的逻辑功能，了解 TTL 与非门及其电压传输特性和主要参数，了解 CMOS 门电路的特点；

(2) 掌握逻辑函数的表示方法，并能应用逻辑代数运算法则化简逻辑函数；

(3) 能分析和设计简单的组合逻辑电路；

(4) 理解加法器、编码器、译码器和数码显示的工作原理；

(5) 了解常见可编程控制器件的工作原理。

8.2　学习指导

本章是数字电子技术的重要基础，主要介绍了逻辑关系、逻辑门电路、逻辑函数、组合逻辑电路分析方法以及常见的组合逻辑电路，重点探讨了逻辑函数的化简和简单逻辑电路的分析与设计。掌握本章内容对后续触发器和时序逻辑电路学习有重要的意义。

8.2.1　逻辑门电路

(1) 门电路输入信号与输出信号间存在着一定的逻辑(“条件”与“结果”)关系。最基本的逻辑关系有与、或和非三种。

(2) 实现逻辑关系的电路有：与门、或门、非门、与非门、或非门、异或门、同或门等。

(3) 常用门电路的逻辑状态：

与门 $F=A\cdot B$ 有 0 出 0，全 1 出 1；

或门 $F=A+B$ 有 1 出 1，全 0 出 0；

非门 $F=\overline{A}$ 有 1 出 0，0 出 1；

与非门 $F=\overline{A\cdot B}$ 有 0 出 1，全 1 出 0；

或非门 $F=\overline{A+B}$ 有 1 出 0，全 0 出 1；

异或门 $F=A\overline{B}+\overline{A}B$ 同态出 0，异态出 1；

同或门 $F=AB+\overline{A}\overline{B}$ 同态出 1,异态出 0。

(4)TTL 集成门电路主要用于电子计算机、数字化仪表及程序控制系统中,速度较高;CMOS 集成电路大量应用于各种数字电路,具有结构简单、集成度高及功耗低的优点。

8.2.2　逻辑代数

(1) 逻辑代数是分析和设计数字电路的数学工具,其不同于普通代数。逻辑代数中只有逻辑乘、逻辑加和求反三种基本运算。根据这三种基本运算,可推导出一些基本公式和定律,如表 8.2.1 所示。

表 8.2.1　逻辑代数的基本公式

范围说明	名　称	逻辑与(非)	逻辑或
变量与常量的关系	0-1 律	$1\cdot A=A$ $0\cdot A=0$	$0+A=A$ $1+A=1$
和普通代数相似的定律	交换律	$AB=BA$	$A+B=B+A$
	结合律	$(AB)C=(AC)B$	$(A+B)+C=(A+C)+B$
	分配律	$A\cdot(B+C)=AB+AC$	$A+BC=(A+B)(A+C)$
逻辑代数特殊规律	互补律	$A\overline{A}=0$	$A+\overline{A}=1$
	重叠律	$AA=A$	$A+A=A$
	还原律	$A=\overline{\overline{A}}$	
	吸收律	$A+AB=A$ $A(A+B)=A$ $A+\overline{A}B=A+B$	
	反演律	$\overline{AB}=\overline{A}+\overline{B}$ $\overline{A+B}=\overline{A}\,\overline{B}$	

(2) 逻辑函数可以用逻辑状态表(真值表)、逻辑式和逻辑图三种方法表示。它们之间各具特点,可互相转换。

(3) 逻辑函数可应用逻辑代数运算法则化简为最简与或表达式。逻辑函数化简的目标是使函数表达式中与项最少,每个与项中所含变量个数最少。通过化简,一个逻辑函数可用多个逻辑式来表示,所以逻辑式并不唯一,对应的逻辑图也不唯一,但由最小项组成的与或逻辑式是唯一的,逻辑状态表也是唯一的。

8.2.3　组合逻辑电路的分析与综合

由若干个基本门电路组合而成,其输出状态仅仅取决于当时的输入状态,与输出端过去时刻的状态无关的复杂逻辑电路称为组合逻辑电路。

(1) 组合逻辑电路分析的任务是研究给定的组合逻辑电路中输出和输入之间的逻辑关系,确定其逻辑功能。分析步骤大致如下:

1) 根据已知逻辑图,写逻辑表达式。

2) 运用逻辑代数化简逻辑代数式。

3) 列逻辑状态表。

4) 分析电路逻辑功能。

(2) 组合逻辑电路综合的任务是根据实际问题要求的逻辑功能,画出现有逻辑元件能够实现的逻辑电路。综合步骤大致如下:

1) 确定输入、输出变量,定义变量逻辑状态含义。

2) 将实际逻辑问题抽象成逻辑状态表。

3) 根据逻辑状态表写逻辑表达式,并化简为最简与或式。

4) 根据表达式画出电路图。

8.2.4 集成组合逻辑电路

(1) 加法器是实现二进制加法运算的电路,包括半加器和全加器。半加器是一种不考虑低位来的进位数,只求本位两个二进制数和的组合电路。而全加器是一种将低位来的进位数连同本位的两个二进制数三者一起求和的组合电路。

(2) 编码器是将某种信号(如十进制数、符号、指令等)编成二进制数码的组合逻辑电路。

(3) 译码器是编码器的逆过程,其功能是把某种数码译成一个相应的输出信号。显示译码器是把数字电路中测量数据和运算结果用十进制数显示出来。

8.2.5 半导体存储器和可编程逻辑器件

(1) 半导体存储器是一种能存储大量数据或信息的半导体器件,其中采用了按地址存放数据的方法。存储器分为只读存储器和随机存储器两类。存储器一般由地址译码器、存储矩阵和输入/输出电路组成。

(2) 可编程逻辑器件是一种新颖的逻辑芯片,用户可以使用相应的编程器和软件,在芯片上编制所需要的逻辑程序。常见的四种类型:可编程只读存储器、可编程逻辑阵列、可编程阵列逻辑和通用阵列逻辑。

8.3 习题选解

[习题 8.4] 试用公式法化简下列各式为最简与或表达式。

(1)$F=AB+\overline{A}BC+\overline{A}B\overline{C}$

(2)$F=\overline{BC}AD+\bar{A}B\bar{C}D+\bar{A}BCD+A\bar{B}C\bar{D}$

(3)$F=A+\bar{A}B+\bar{A}\bar{B}C+\bar{A}\bar{B}\bar{C}$

(4)$F=\bar{A}\bar{B}\bar{D}+A\bar{B}\bar{C}+ABD+\bar{A}B\bar{C}D+\bar{A}BCD$

解　(1)$F=AB+\bar{A}BC+\bar{A}B\bar{C}=AB(C+\bar{C})+\bar{A}BC+\bar{A}B\bar{C}=$

$$ABC+AB\bar{C}+\bar{A}BC+\bar{A}B\bar{C}=$$

$$ABC+\bar{A}BC+\bar{A}B\bar{C}+AB\bar{C}=$$

$$(A+\bar{A})BC+(\bar{A}+A)B\bar{C}=$$

$$BC+B\bar{C}=B$$

(2)$F=\overline{BC}A\bar{D}+\bar{A}B\bar{C}D+\bar{A}BCD+A\bar{B}C\bar{D}=$

$$(\bar{B}+\bar{C})A\bar{D}+\bar{A}B\bar{C}D+\bar{A}BCD+A\bar{B}C\bar{D}=$$

$$\bar{B}A\bar{D}+\bar{C}A\bar{D}+\bar{A}B\bar{C}D+\bar{A}BCD+A\bar{B}C\bar{D}=$$

$$\bar{B}AC\bar{D}+\bar{B}A\bar{C}\bar{D}+\bar{C}BA\bar{D}+\bar{C}\bar{B}A\bar{D}+\bar{A}B\bar{C}D+\bar{A}BCD+A\bar{B}C\bar{D}=$$

$$A\bar{B}C\bar{D}+A\bar{B}\bar{C}\bar{D}+AB\bar{C}\bar{D}+\bar{A}B\bar{C}D+\bar{A}BCD=$$

$$A\bar{B}C\bar{D}+A\bar{C}\bar{D}+\bar{A}BD=A(\bar{B}C+\bar{C})\bar{D}+\bar{A}BD=$$

$$A\bar{C}\bar{D}+A\bar{B}\bar{D}+\bar{A}BD$$

(3)$F=A+\bar{A}B+\bar{A}\bar{B}C+\bar{A}\bar{B}\bar{C}=A+\bar{A}B+\bar{A}\bar{B}=A+\bar{A}=1$

(4)$F=\bar{A}\bar{B}\bar{D}+A\bar{B}\bar{C}+ABD+\bar{A}B\bar{C}D+\bar{A}BCD=\bar{A}\bar{B}\bar{D}+A\bar{B}\bar{C}+ABD+\bar{A}BD=$

$$\bar{A}\bar{B}\bar{D}+A\bar{B}\bar{C}+BD$$

注意:逻辑表达式的化简的最终结果应得到最简表达式,最简表达式的形式一般为最简的与或式,例如$AB+CD$。最简与或式中的与项要最少,而且每个与项中的变量数目也要最少。

[习题 8.5]　写出题图 8.3.1 所示两图的逻辑式。

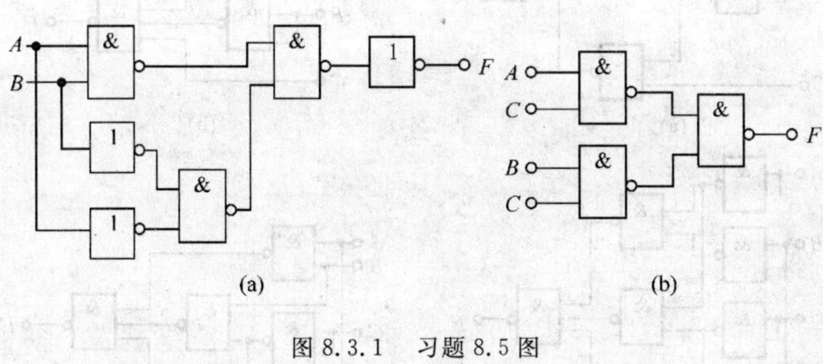

图 8.3.1　习题 8.5 图

解　(1)$F=\overline{\overline{\overline{AB}\cdot\overline{\bar{A}\bar{B}}}}=\overline{AB}\cdot\overline{\bar{A}\bar{B}}=(\bar{A}+\bar{B})\cdot(\bar{\bar{A}}+\bar{\bar{B}})=$

$$(\bar{A}+\bar{B})\cdot(A+B)=\bar{A}B+A\bar{B}$$

(2)$F=\overline{\overline{AC}\cdot\overline{BC}}=\overline{\overline{AC}}+\overline{\overline{BC}}=AC+BC=C(A+B)$

注意：写逻辑电路图的表达式关键在于从输入端开始，逐级写出各门电路的输出，直至求出 F。通常是按照从左往右，从上往下的顺序进行。

[习题 8.6] 用与非门实现以下逻辑关系，画出逻辑图。

(1) $F=AB+\overline{A}C$

(2) $F=A+B+\overline{C}$

(3) $F=\overline{AB}+(\overline{A}+B)\overline{C}$

(4) $F=AB+A\overline{C}+\overline{A}B\overline{C}$

解 (1)
$$F=\overline{\overline{AB+\overline{A}C}}=\overline{\overline{AB}\cdot\overline{\overline{A}C}}$$

逻辑图如图 8.3.2(a) 所示。

(2)
$$F=A+B+\overline{C}=\overline{\overline{A+B+\overline{C}}}=\overline{\overline{A}\,\overline{B}\,\overline{\overline{C}}}=\overline{\overline{A}\,\overline{B}C}$$

逻辑图如图 8.3.2(b) 所示。

(3) $F=\overline{AB}+(\overline{A}+B)\overline{C}=\overline{AB}+\overline{A}\,\overline{C}+B\overline{C}=\overline{\overline{\overline{AB}+\overline{A}\,\overline{C}+B\overline{C}}}=$
$$\overline{\overline{\overline{AB}}\cdot\overline{\overline{A}\,\overline{C}}\cdot\overline{B\overline{C}}}$$

逻辑图如图 8.3.2(c) 所示。

(4) $F=AB+A\overline{C}+\overline{A}B\overline{C}=AB+(A+\overline{A}B)\overline{C}=AB+(A+B)\overline{C}=$
$$AB+A\overline{C}+B\overline{C}=\overline{\overline{AB+A\overline{C}+B\overline{C}}}=\overline{\overline{AB}\cdot\overline{A\overline{C}}\cdot\overline{B\overline{C}}}$$

逻辑图如图 8.3.2(d) 所示。

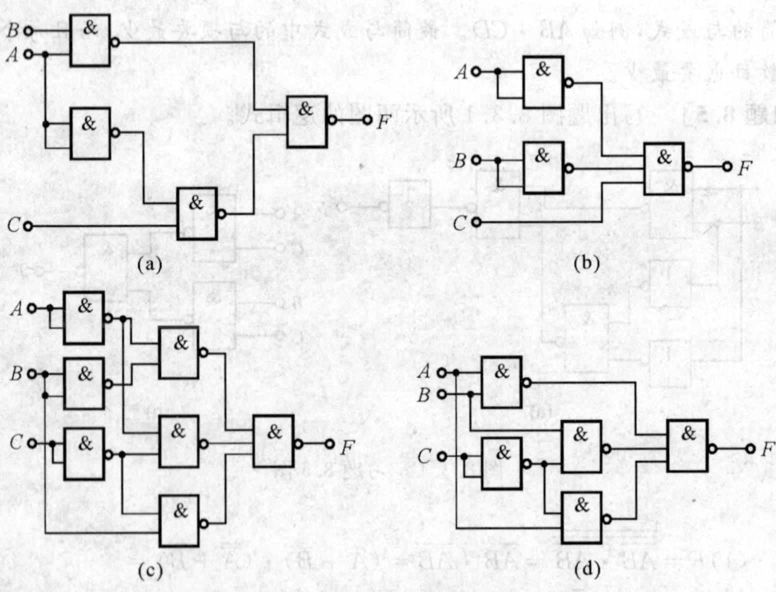

图 8.3.2 习题 8.6 的图

注意:TTL 与非门在组合逻辑电路中应用最为广泛,主要是因为:与非门平均延迟时间短,故电路转换时间快;稳态时不论电路是开状态还是关状态,均有较低的输出电阻,因而有较强的带负载能力。将逻辑函数用与非门表示时,通常对最简与或式取两次反运算,经过适当运算即可。

[习题 8.7]　图 8.3.3 是两处控制照明灯电路。单刀双投开关 A 装在一处,B 装在另一处,两处都可以开闭电灯。设 $F=1$ 表示灯亮,$F=0$ 表示灯灭;$A=1$ 表示开关向上扳,$A=0$ 表示开关向下扳,B 亦如此,试写出灯亮的逻辑式。

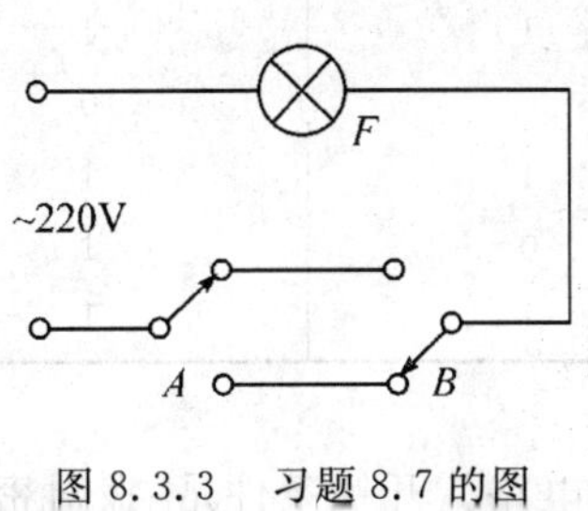

图 8.3.3　习题 8.7 的图

表 8.3.1　状态表

输　入		输　出
A	B	F
0	0	1
0	1	0
1	0	0
1	1	1

解　由图 8.3.3 所示电路图可写出状态表,如表 8.3.1 所示,A 和 B 同时向上或者向下时灯亮,所以可得到逻辑关系,其逻辑式为

$$F=\overline{A}\overline{B}+AB$$

输入输出之间是同或关系。

[习题 8.9]　写出图 8.3.4 所示电路的逻辑状态表。

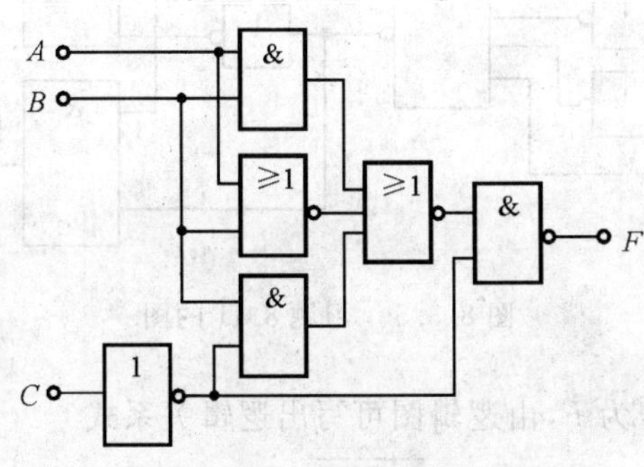

图 8.3.4　习题 8.9 的图

解　根据逻辑图 8.3.4,可得逻辑表达式

$$F=\overline{\overline{AB+\overline{A+B}+B\overline{C}}\cdot\overline{C}}=\overline{\overline{AB+\overline{A+B}+B\overline{C}}}+\overline{\overline{C}}=$$

$$AB+\overline{A+B}+B+C=\overline{A+B}+B+C=$$

$$\overline{A}\cdot\overline{B}+B+C=\overline{A}+B+C$$

根据化简结果,列状态表如表 8.3.2 所示。

表 8.3.2　状态表

输入			输出
A	B	C	F
0	0	0	1
0	0	1	1
0	1	0	1
0	1	1	1
1	0	0	0
1	0	1	1
1	1	0	1
1	1	1	1

[**习题 8.11**]　图 8.3.5 是一个密码锁控制电路。开锁条件是:拨对密码;钥匙插入锁眼将开关 S 闭合。当两个条件同时满足时,开关信号为"1",将锁打开。否则,报警信号为"1",接通警铃。试分析密码 $ABCD$ 是多少?

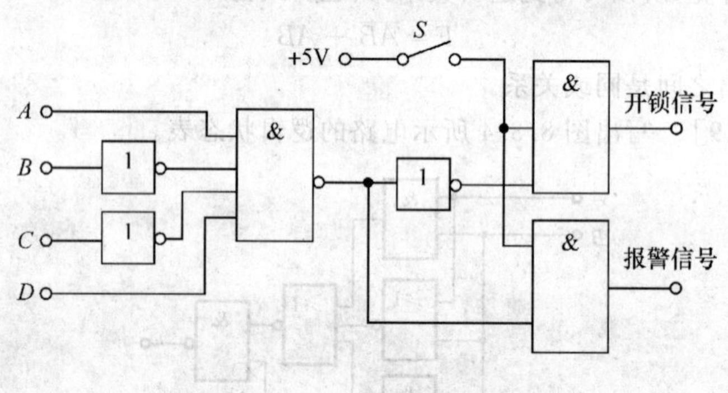

图 8.3.5　习题 8.11 的图

解　令开锁信号为 F,由逻辑图可写出逻辑关系式

$$F = S \cdot \overline{\overline{A\overline{B}\overline{C}D}} = S \cdot A\overline{B}\overline{C}D$$

当 $ABCD=1001$,$S=1$ 时,锁打开。所以开锁密码是 1001。

[**习题 8.12**]　有一个存储器,其地址线为 $A_{11} \sim A_0$,输出数据位线有 8 根为 $D_7 \sim D_0$。试问存储容量多大?

解　地址线有 $n=12$ 条,数据线有 $M=8$ 条,则存储容量为 $2^n \times M = 2^{12} \times 8 = 2^{15} = 32\ \text{K}$。

［习题 8.13］　已知 ROM 如图 8.3.6 所示，试列表说明 ROM 存储的内容。

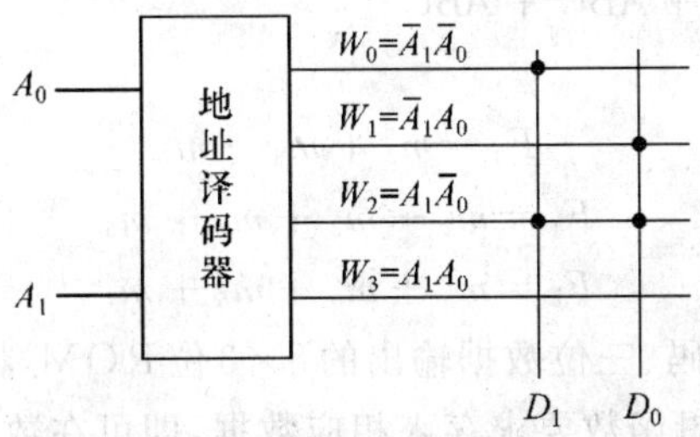

图 8.3.6　习题 8.13 的图

解　根据 ROM 地址译码器和存储阵列间的逻辑关系，当地址码 $A_1A_0=00$ 时，字线 W_0 被选中（$W_0=1$，W_1，W_2，W_3 均为 0），在 W_0 一行有一个交叉处有黑点“•”（存 1），即 $D_1=1$，一个交叉处无黑点“•”（存 0），$D_0=1$。此时 ROM 存储内容为 $D_1D_0=10$。同理，可分析出其他地址码时的存储内容，如表 8.3.3 所示。

表　8.3.3

地址码		存储内容	
A_1	A_0	D_1	D_0
0	0	1	0
0	1	0	1
1	0	1	1
1	1	1	0

注意：利用 ROM 实现给定功能的逻辑电路，这是 ROM 应用的重要内容之一。特别是对于有多个输出的逻辑电路，用 ROM 实现相当简便。此外，该 ROM 的地址译码器为 2/4 线地址译码器，地址线为 A_1A_0，输出为 $W_0\sim W_3$（字线）。

［习题 8.14］　试用 ROM 产生一组与或逻辑函数，画出 ROM 的阵列图，并列表说明 ROM 存储的内容。逻辑函数为

$$F_0=AB+BC$$

$$F_1=A\overline{B}+\overline{A}B$$

$$F_2=AB+BC+CA$$

解　(1) 将 F_0，F_1，F_2 化为最小项组成的标准与或式为

$$F_0=AB+BC=AB(C+\overline{C})+BC(A+\overline{A})=$$
$$ABC+AB\overline{C}+ABC+\overline{A}BC=ABC+AB\overline{C}+\overline{A}BC$$

$$F_1=A\overline{B}+\overline{A}B=A\overline{B}(C+\overline{C})+\overline{A}B(C+\overline{C})=A\overline{B}C+A\overline{B}\overline{C}+\overline{A}BC+\overline{A}B\overline{C}$$

$$F_2=AB+BC+CA=AB(C+\overline{C})+BC(A+\overline{A})+CA(B+\overline{B})=$$

$$ABC + AB\overline{C} + ABC + \overline{A}BC + CAB + CA\overline{B} =$$
$$ABC + AB\overline{C} + \overline{A}BC + A\overline{B}C$$

或写成

$$F_0 = m_3 + m_6 + m_7$$
$$F_1 = m_2 + m_3 + m_4 + m_5$$
$$F_2 = m_3 + m_5 + m_6 + m_7$$

(2) 采用三位地址码、三位数据输出的8×3位ROM，将A,B,C三个变量分别接至地址输入端，按逻辑函数要求存入相应数据，即可在数据输出端D_2,D_1,D_0得到F_0,F_1,F_2，其ROM如图8.3.7所示。

(3) 地址码不同取值所对应的存储内容如表8.3.4所示。

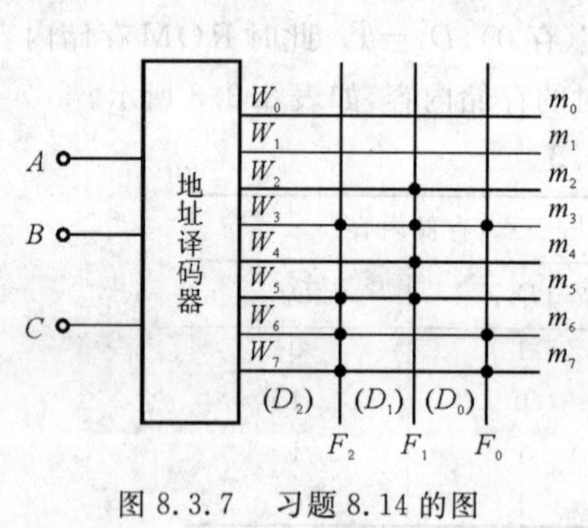

图 8.3.7　习题 8.14 的图

表　8.3.4

数据字	输　出		
W	F_2	F_1	F_0
W_0	0	0	0
W_1	0	0	0
W_2	0	1	0
W_3	1	1	1
W_4	0	1	0
W_5	1	1	0
W_6	1	0	1
W_7	1	0	1

注意：ROM除用作存储器外，还可以用来实现各种组合逻辑函数。因为ROM中的地址译码器实际上是个与阵列，若把地址$A_0 \sim A_n$当作逻辑函数的输入变量，则可在地址译码器的输出端对应产生全部最小项；而存储矩阵是个或阵列，可把最小项相或后获得输出变量，ROM有几个数据输出端，就可得到几个逻辑函数输出，所以用ROM可以实现任何组合逻辑函数。

第 9 章　触发器与时序逻辑电路

9.1　基本要求

(1) 掌握 RS 触发器、JK 触发器和 D 触发器的逻辑功能；

(2) 理解时序逻辑电路的概念和工作特点；

(3) 理解数据寄存器、移位寄存器的工作原理；

(4) 理解同步、异步二进制计数器和十进制计数器的工作原理及分析方法，会用常见的集成计数器构成任意进制计数器，能画出相应的时序波形图；

(5) 了解 555 集成定时器及用 555 集成定时器构成的单稳态触发器和多谐振荡器的工作原理。

9.2　学习指导

时序逻辑电路是数字电路的重要组成部分，也是本课程的重点内容。本章在介绍了各种类型触发器的逻辑功能和时序逻辑电路特点的基础上，着重讲解了寄存器、计数器等常用的时序逻辑电路的工作原理以及时序逻辑电路的分析方法，从应用角度介绍了 555 集成定时器的内部结构、工作原理以及由 555 构成的单稳态触发器、多谐振荡器。本章的重点是分析与设计由各种触发器组成的简单时序逻辑电路。

9.2.1　双稳态触发器

双稳态触发器具有存储和记忆功能，是时序逻辑电路的基本单元。

(1) 熟悉其结构、工作原理和逻辑功能是分析和设计时序逻辑电路的基础。

(2) 双稳态触发器构成应满足下列条件：

1) 必须具备两个状态，用于记忆逻辑的两个特征“0”和“1”。

2) 具有置位(置“1”)、复位(置“0”) 端，用 $\overline{S}_D$ 和 $\overline{R}_D$ 表示。

3) 可在外部信号作用下进行状态转换。

(3) 几种主要的双稳态触发器的逻辑符号和逻辑功能，如表 9.2.1 所示。

1）同一电路结构可组成不同逻辑功能的触发器。

2）同一逻辑功能的触发器可由不同的电路结构来实现。

表 9.2.1　常见触发器逻辑符号和逻辑功能

名　称	基本 *RS* 触发器	可控 *RS* 触发器	*JK* 触发器	维持 *D* 触发器
逻辑符号	$\overline{S}_D$　Q $\overline{R}_D$　$\overline{Q}$	$\overline{S}_D$ S　Q C R　$\overline{Q}$ $\overline{R}_D$	$\overline{Q}$　Q $\overline{Q}$　Q $\overline{R}_D$　K　C　J　$\overline{S}_D$	$\overline{Q}$　Q $\overline{R}_D$　D　C　$\overline{S}_D$
真值表	R　S　Q_{n+1} 0　0　不定 0　1　0 1　0　1 1　1　Q_n	R　S　Q_{n+1} 0　0　Q_n 0　1　1 1　0　0 1　1　不定	J　K　Q_{n+1} 0　0　Q_n 0　1　0 1　0　1 1　1　$\overline{Q}_n$	D　Q_{n+1} 0　0 1　1
触发方式	无	高电平	下降沿	上升沿

9.2.2　时序逻辑电路的分析方法

（1）时序逻辑电路是由基本触发器电路组合、具有一定逻辑功能、当前的输出状态不仅取决于当前输入信号而且与原来的输出状态有关的复杂逻辑电路。

（2）时序逻辑电路按触发方式不同分为同步时序电路和异步时序电路。

1）同步时序电路：各触发器采用同一个时钟信号触发，各触发器状态的转换在同一时刻进行。

2）异步时序电路：各触发器采用的触发信号不尽相同，各触发器状态的转换不在同一时刻进行。

（3）时序逻辑电路的分析。

1）由已知逻辑电路图写出各触发器的驱动方程、时钟方程以及电路的输出方程。

2）将驱动方程代入触发器的特征方程，求出电路的状态方程。

3）由状态方程列写状态转换表，画出时序图。

4) 通过对状态转换表的规律分析，确定电路的逻辑功能。

9.2.3　寄存器

寄存器是用来暂存参与运算数据和结果的时序电路。

(1) 按存放数码的方式分为并行和串行两种。

1) 并行方式是将各待存数码同时输入到各寄存器的输入端。

2) 串行方式是将待存数码逐位依次输入到各寄存器的输入端。

(2) 按取出数码的方式分为并行、串行两种。

1) 并行方式中被输出数码的各位在寄存器对应的输出位同时输出。

2) 串行方式中被输出数码的各位在寄存器的一个输出端输出。

3) 寄存器工作在并行方式时，存取数码速度快，数据线较多。

4) 寄存器工作在串行方式时，存取数码速度慢，数据线较少。

(3) 按寄存方式的不同分为数码寄存器和移位寄存器两种。

1) 数码寄存器：在一个寄存脉冲作用下将各输入端的待存数码通过并行输入方式一次存入，并行输出。

2) 移位寄存器：在多个寄存脉冲作用下将待存数码的各位通过串行输入方式逐位一次存入，数据可并行和串行输出。通过电路设计可实现左移、右移和双向移位。

9.2.4　计数器

计数器是由触发器和门电路组成的时序逻辑电路，可用来进行累计脉冲数目、分频、定时和数学运算。

(1) 按触发方式分为同步计数器和异步计数器。

(2) 按计数增减状态分为加法计数器、减法计数器和可逆计数器。

(3) 按计数器的模分为二进制计数器、十进制计数器和任意进制计数器。

(4) 常用的集成计数器为 74LS192(十进制可逆计数器) 和 74LS290(二-五-十进制计数器)。

9.2.5　555 定时器及应用

(1)555 定时器是一种模拟电路与数字电路相结合的中规模集成电路，主要用于信号产生、整形、延时(定时)、控制等方面。

(2)555 定时器有单稳态触发器和多谐振荡器两种应用形式，其结构及主要性能如表 9.2.2 所示。

表 9.2.2 555 定时器应用

电路名称	电路图	主要波形	主要参数
多谐振荡器	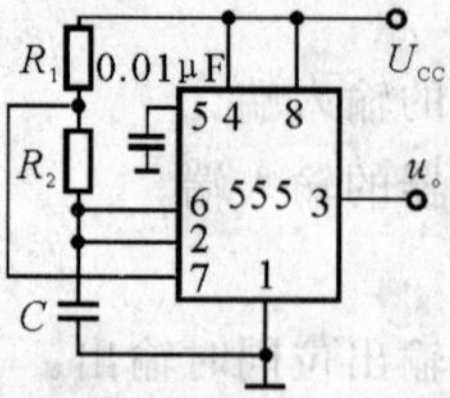	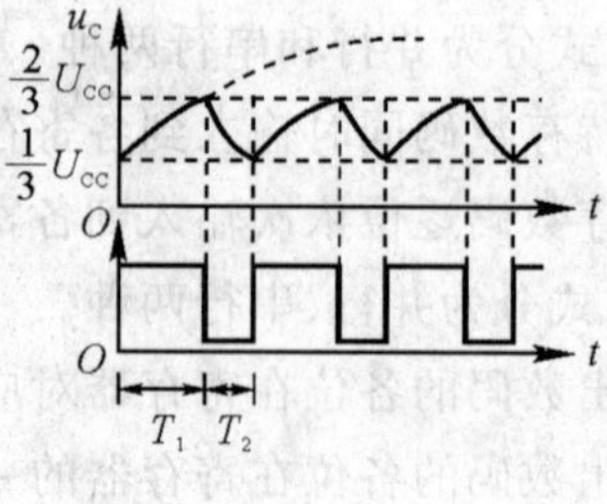	$T=0.7(R_1+2R_2)C$
单稳态触发器	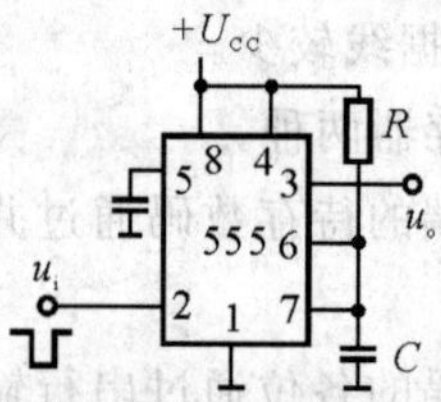	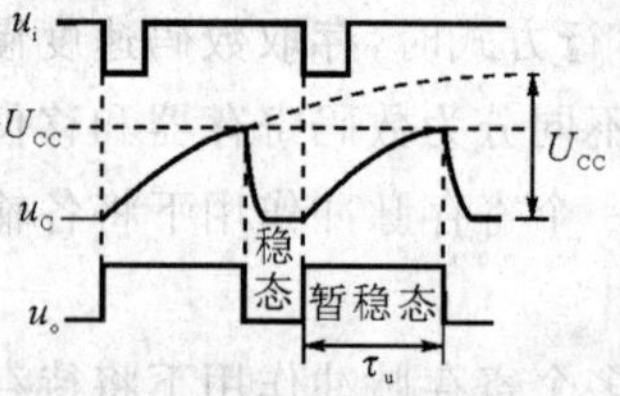	$\tau_u=RC\ln3\approx1.1RC$

9.3 习题选解

［习题 9.1］ 当基本 RS 触发器的 $\overline{R}_D$ 和 $\overline{S}_D$ 端加上图 9.3.1 所示波形时，试画出 Q 端的输出波形。设初始状态为 0 和 1 两种情况。

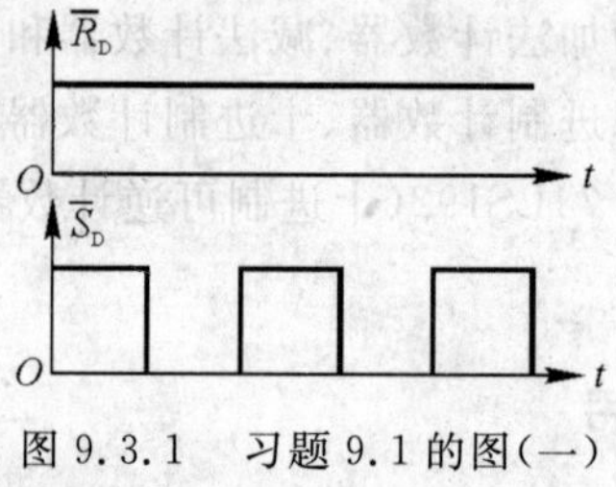

图 9.3.1 习题 9.1 的图(一)

解 根据 RS 基本触发器的逻辑功能，如表 9.2.1 中所示。可画出当 $\overline{R}_D$ 和 $\overline{S}_D$ 端加上图 9.3.1 所示波形时，在初始状态为 0 和 1 两种情况 Q 端的输出波形如图 9.3.2 所示。

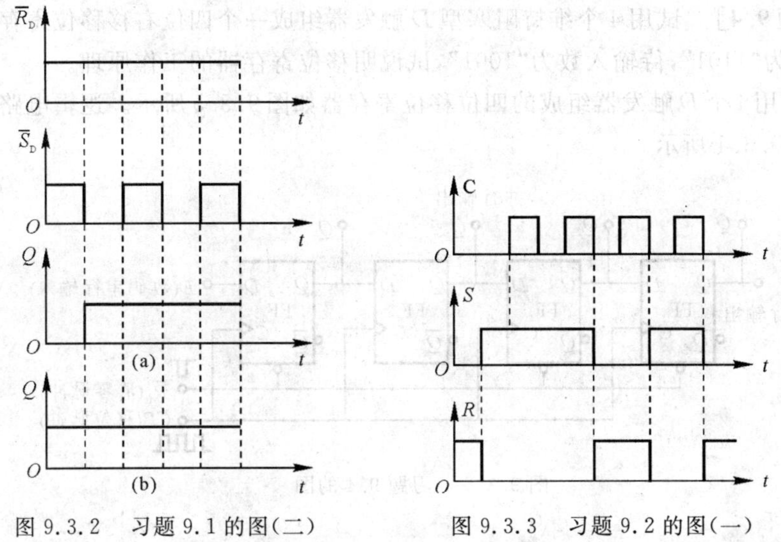

图 9.3.2　习题 9.1 的图(二)　　图 9.3.3　习题 9.2 的图(一)

[**习题 9.2**]　当钟控 RS 触发器的 C,S 和 R 端加上图 9.3.3 所示波形时,试画出 Q 端的输出波形。设初始状态为 0 和 1 两种情况。

解　根据钟控 RS 触发器的逻辑功能,如表 9.2.1 中所示。可画出当 C,S 和 R 端加上图 9.3.2 所示波形时,在初始状态为 0 和 1 两种情况 Q 端的输出波形如图 9.3.4 所示。

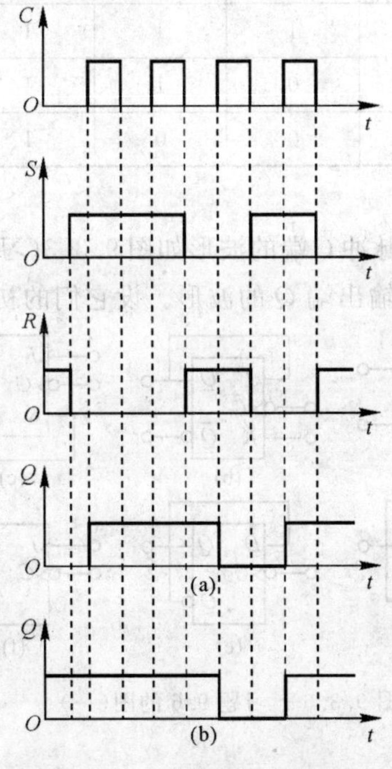

图 9.3.4　习题 9.2 的图(二)

［习题9.4］ 试用4个维持阻塞型D触发器组成一个四位右移移位寄存器。设原存数为“1101”，待输入数为“1001”，试说明移位寄存器的工作原理。

解 用4个D触发器组成的四位移位寄存器如图9.3.5所示。逻辑电路的状态表如表9.3.1所示。

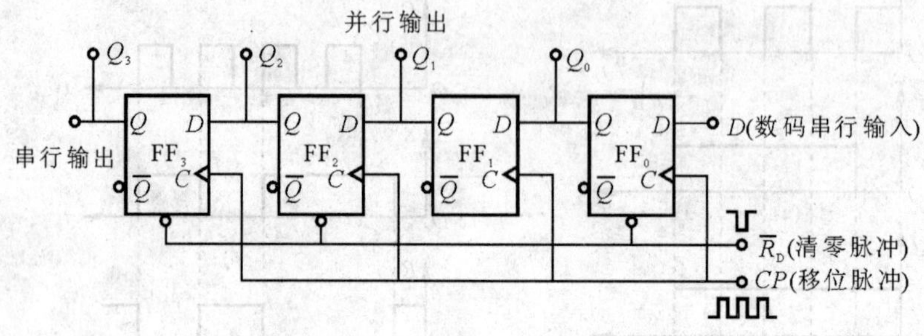

图9.3.5 习题9.4的图

表9.3.1 状态表

移位脉冲数	寄存器中的数码				移位过程
	Q_3	Q_2	Q_1	Q_0	
0	1	1	0	1	原存数
1	1	1	1	0	右移一位
2	0	1	1	1	右移二位
3	0	0	1	1	右移三位
4	1	0	0	1	右移四位

［习题9.6］ 已知时钟脉冲C端的波形如图9.3.3(习题9.2的图)所示，试分别画出图9.3.6中各触发器输出端Q的波形。设它们的初始状态均为0。

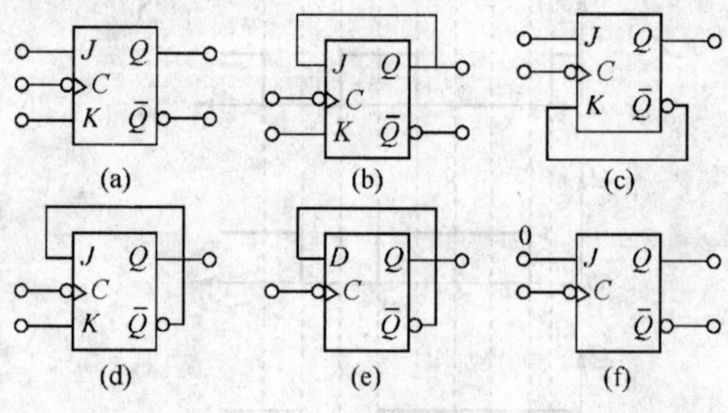

图9.3.6 习题9.6的图(一)

解　根据表 9.2.1 所示 JK 触发器和 D 触发器的逻辑功能，可画出图 9.3.3 所示时钟脉冲 C 作用下，图 9.3.6 中各触发器输出端 Q 在初始状态为 0 时的波形，如图 9.3.7 所示。

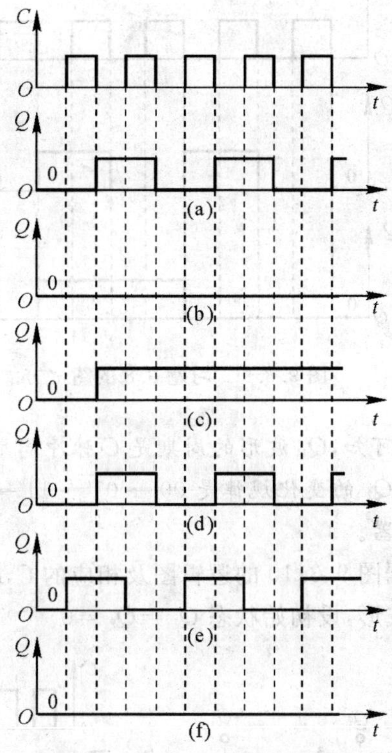

图 9.3.7　习题 9.6 的图(二)

注意：JK 触发器在 $J=K=1$ 时，具有计数功能。触发器的逻辑符号中 C 端加小圆圈表示下降沿触发有效。D 触发器如果连接成图 9.3.6(e) 的形式，也具有计数功能。

[习题 9.8]　在图 9.3.8 的逻辑图中，时钟脉冲 C 的波形如图 9.3.3 所示，试画出 Q_1 和 Q_2 端的波形。

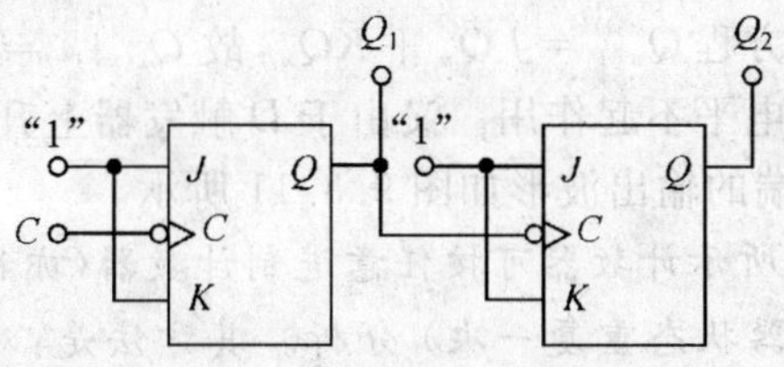

图 9.3.8　习题 9.8 的图(一)

解 根据图 9.3.8 所示的逻辑图,两个 JK 触发器都接成了计数状态,在图 9.3.3 所示时钟脉冲 C 的作用下,输出端 Q_1 和 Q_2 的波形如图 9.3.9 所示。

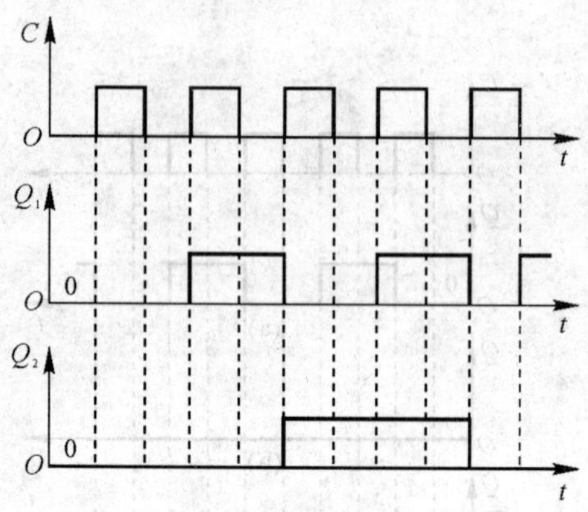

图 9.3.9 习题 9.8 的图(二)

注意:由图 9.3.9 可知,Q_1 波形的周期是 C 脉冲周期的 2 倍,Q_2 波形周期是 C 脉冲周期的 4 倍。Q_1,Q_2 的变化规律是 00 → 01 → 11 → 00,它有四个不同状态循环,故称为四进制计数器。

[**习题 9.9**] 根据图 9.3.10 的逻辑图及相应的 C,$\overline{R}_D$ 和 D 端的波形,试画出 Q_1 端和 Q_2 端的输出波形,设初始状态 $Q_1 = Q_2 = 0$。

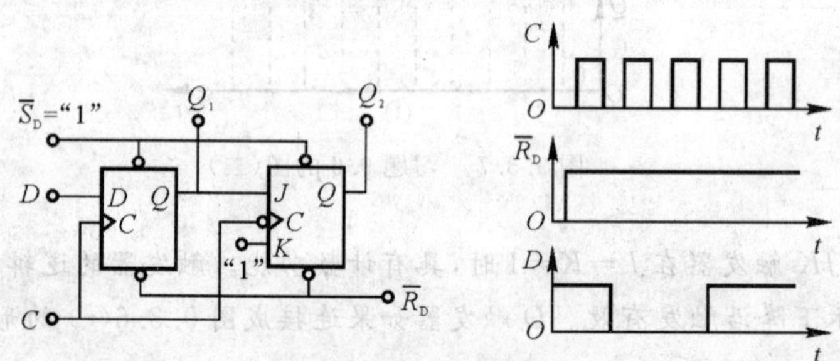

图 9.3.10 习题 9.9 的图(一)

解 D 触发器的状态方程 $Q_{n+1} = D$,故 $Q_{1(n+1)} = D$。

JK 触发器状态方程 $Q_{n+1} = J\overline{Q}_n + \overline{K}Q_n$,故 $Q_{2(n+1)} = Q_{1(n)}\ \overline{Q}_{2(n)}$,由假设 $Q_1 = Q_2 = 0$,可得$\overline{R}_D$ 的低电平不起作用。又由于 D 触发器上升沿触发,JK 触发器下降沿触发,Q_1 端和 Q_2 端的输出波形如图 9.3.11 所示。

注意:图 9.3.10 所示计数器可按任意进制计数器(亦称 N 进制计数器,即每来 N 个计数脉冲,计数器状态重复一次)分析。其方法是:对于同步计数器,由于计数脉冲接到每个触发器的 C 端,因而触发器的状态是否翻转只由其驱动方程判断;而异步计数器还必须同时考虑各触发器的 C 触发脉冲是否出现。

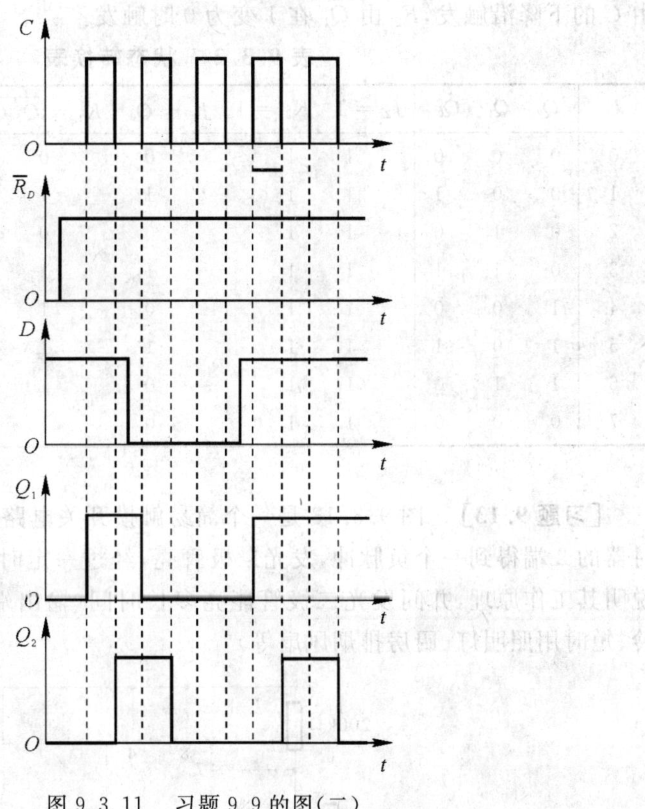

图 9.3.11　习题 9.9 的图(二)

[习题 9.12]　试列出图 9.3.12 所示计数器的状态表,从而说明它是一个几进制计数器。

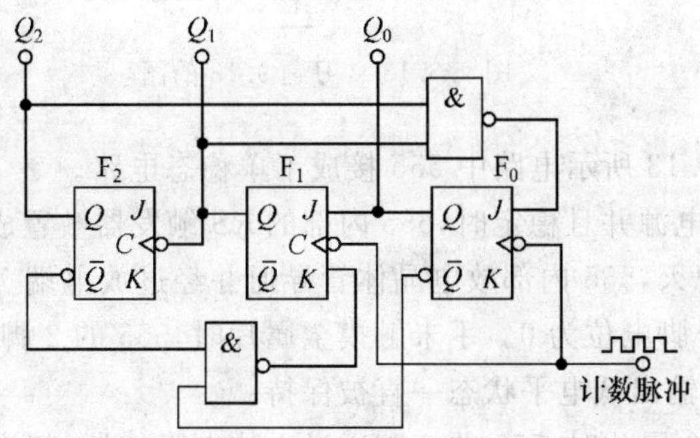

图 9.3.12　习题 9.12 的图

解　由图 9.3.12 所示计数器各 JK 触发器的驱动方程及状态转换表如表 9.3.2 所示。由表中状态可看出,该电路为一异步七进制加法计数器。其中 F_0,F_1

由 C 的下降沿触发，F_2 由 Q_1 在 1 变为 0 时触发。

表 9.3.2　状态转换表

C	Q_2	Q_1	Q_0	$J_2=1$	$K_2=1$	$J_1=Q_0$	$K_1=\overline{\overline{Q_2}\,\overline{Q_0}}$	$J_0=\overline{Q_2Q_1}$	$K_0=1$
0	0	0	0	1	1	0	0	1	1
1	0	0	1	1	1	1	1	1	1
2	0	1	0	1	1	0	0	1	1
3	0	1	1	1	1	1	1	1	1
4	1	0	0	1	1	0	1	1	1
5	1	0	1	1	1	1	1	1	1
6	1	1	0	1	1	0	1	0	1
7	0	0	0	1	1	0	1	1	1

［习题 9.13］　图 9.3.13 是一个简易触摸开关电路，当手摸金属片时，555 定时器的 2 端得到一个负脉冲，发光二极管亮，经过一定时间，发光二极管熄灭。试说明其工作原理，并问发光二极管能亮多长时间（输出端电路稍加改变也可接门铃、短时用照明灯、厨房排烟风扇等）？

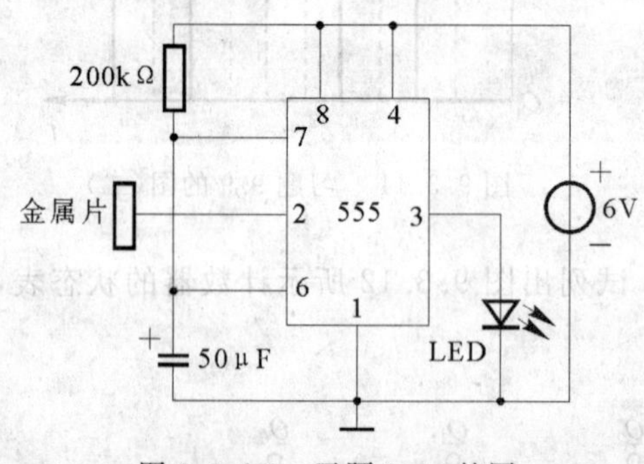

图 9.3.13　习题 9.13 的图

解　图 9.3.13 所示电路中 555 接成了单稳态电路。

当电路接通电源并且稳定时，555 内部的 RS 触发器被置成 0 态，3 脚输出低电平，发光二极管熄灭，555 内部放电晶体管导通并经过放电端 7 脚将 50 μF 电容器上电压放光，使 6 脚电位为 0。手未触摸金属片时，555 的 2 脚悬空，相当于输入高电平 1 信号，555 输出低电平状态一直被保持。

当人手触摸金属片时，555 的 2 脚通过人体电阻接地，相当于输入低电平 0 信号，从而使 555 内部的 RS 触发器输出翻转为 1 态，555 输出高电平，发光二极管被点亮，同时内部放电晶体管截止，电源经 200 kΩ 电阻向 50 μF 电容充电，当 6 脚电位上升至$\frac{2}{3}U_{CC}=4$ V时，555 内部 RS 触发器输出被复位，555 输出恢复为低电平，发光二极管熄灭，内部放电晶体管导通，使 6 脚电位逐渐下降到 0。

发光二极管点亮的时间即为 555 单稳态持续的时间 t_p，即

$$t_p = RC\ln 3 = 200\times 10^3\times 50\times 10^{-6}\times 1.1\ \text{s}\approx 11\ \text{s}$$

［习题 9.14］　图 9.3.14 是一个防盗报警电路，a，b 两端被一细铜丝接通，此铜丝置于认为盗窃者必经之处。当盗窃者闯入室内将铜丝碰断时，扬声器即发出报警声(扬声器电压为 1.2 V，通过电流为 40 mA)。要求：

(1) 指出 555 定时器组成的是何种电路。

(2) 说明本报警电路的工作原理。

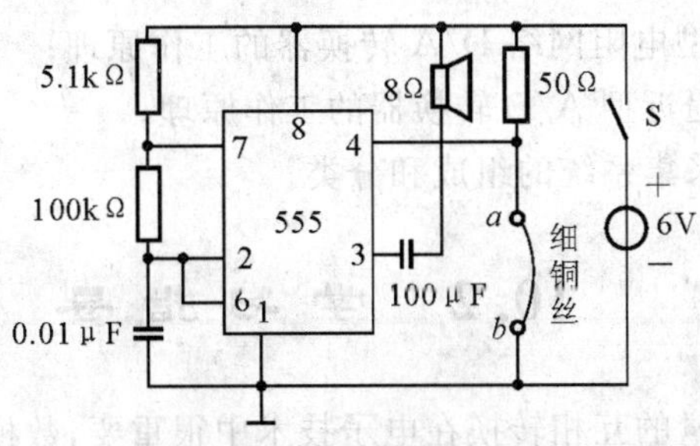

图 9.3.14　习题 9.14 的图

解　(1) 图 9.3.14 所示电路中 555 接成了多谐振荡器电路。

(2) 当按下按钮 S 时，555 电路供电电源接通，振荡器工作，555 输出端 3 脚向门铃输出矩形波振荡电压，门铃发声。当松开按钮 S 时，555 供电电源断开，没有振荡电压输出，门铃停止发声。所产生矩形波周期 T 为

$$T = t_{p1} + t_{p2} = 0.7(R_1 + 2R_2)C = 1.437\ 5\ \text{ms}$$

注意：多谐振荡器亦称无稳态触发器，多用于矩形波发生器。555 定时器组成多谐振荡器的最高频率可达 300 kHz，占空比 D 的取值范围为 $0.5 < D < 1$。

第 10 章　模拟量与数字量的转换

10.1　基 本 要 求

(1) 了解模拟量与数字量相互转换的意义；

(2) 了解倒 T 型电阻网络 D/A 转换器的工作原理；

(3) 了解逐次逼近型 A/D 转换器的工作原理；

(4) 了解数据采集系统的组成和分类。

10.2　学 习 指 导

模拟量和数字量的互相转换在电子技术中很重要，数模转换器(DAC) 和模数转换器(ADC) 是计算机与外部设备的重要接口，是数字测量和数字控制系统的重要部件。本章主要介绍数／模和模／数转换的基本概念、基本原理和主要技术指标，对几种典型集成转换器的组成、特点和工作过程进行了简要分析，最后介绍了数字采集系统的组成和各种类型。

10.2.1　数／模转换器(DAC)

该类转换器由模拟开关、电阻网络和电流-电压转换电路组成，实现将二进制数码转换成模拟量(电流电压)，其模拟输出电压与二进制数码成线性对应关系。

(1)T 型电阻网络 DAC 电路如图 10.2.1 所示，由模拟开关 S_3，S_2，S_1，S_0，$R-2R$ 电阻网络、运算放大器、基准电压 U_R 等部分组成。

如果输入的是 n 位二进制数，则运算放大器输出的模拟电压为

$$U_o=-\frac{R_F U_R}{3R\times 2^n}(d_{n-1}\times 2^{n-1}+d_{n-2}\times 2^{n-2}+\cdots+d_0\times 2^0)$$

(2) 倒 T 型电阻网络 DAC 电路如图 10.2.2 所示。

如果输入的是 n 位二进制数，则通过计算输出电压为

$$U_o=-\frac{R_F U_R}{R\times 2^n}(d_{n-1}\times 2^{n-1}+d_{n-2}\times 2^{n-2}+\cdots+d_0\times 2^0)$$

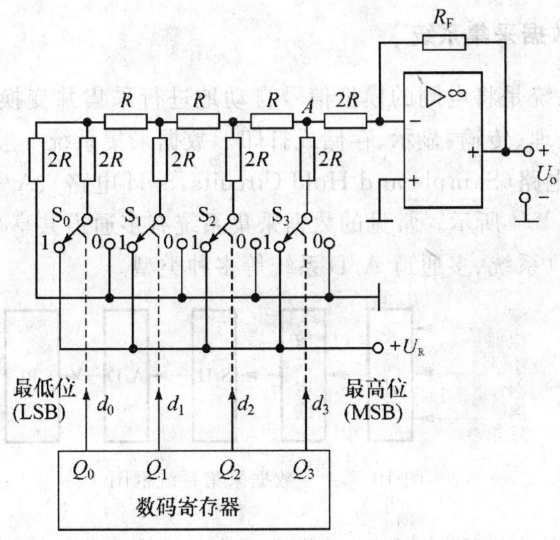

图 10.2.1　T 型电阻网络 DAC

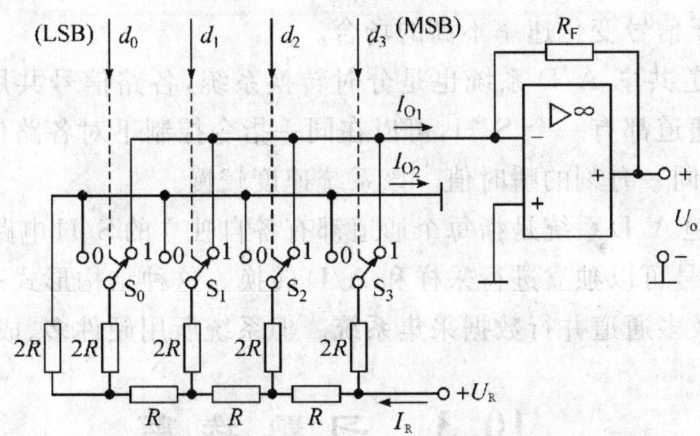

图 10.2.2　倒 T 型电阻网络 DAC

10.2.2　模 / 数转换器(ADC)

该类转换器有逐次逼近型、并联比较型和双积分型等多种。逐次逼近型 ADC 主要由顺序脉冲发生器、逐次逼近寄存器、DAC 和电压比较器等几部分组成，原理框图如图 10.2.3 所示。

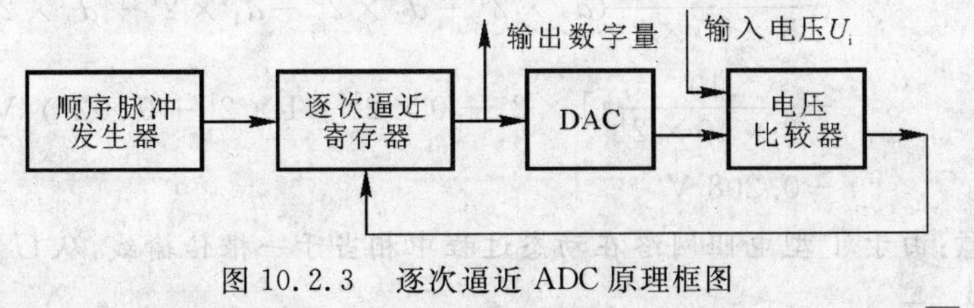

图 10.2.3　逐次逼近 ADC 原理框图

10.2.3 数据采集系统

数据采集系统是将电测的模拟信号自动地进行采集并变换为数字量，再送到计算机中进行处理、传输、显示、存储或打印。数据采集系统一般由传感器、多路开关、采样 / 保持电路(Sample and Hold Circuits，S/H 电路)、A/D 转换器和计算机等组成，如图 10.2.4 所示。常见的数据采集系统有多通道共享 S/H 和 A/D 系统、多通道共享 A/D 系统、多通道 A/D 系统等多种类型。

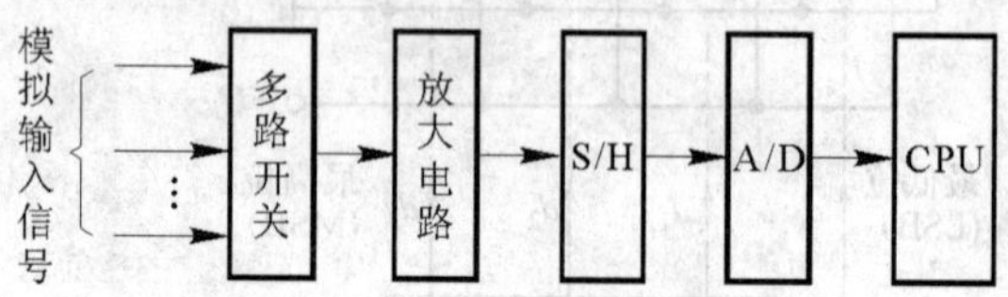

图 10.2.4　数据采集系统框图

(1) 多通道共享 S/H 和 A/D 系统采用分时转换工作方式，各路被测参数共用一个 S/H 和 A/D。这种结构形式简单，所用芯片数目少，采样方式可按顺序或随机进行，适用于信号变化速率不高的场合。

(2) 多通道共享 A/D 系统也是分时转换系统，各路信号共用一个 A/D 转换器，但每一路通道都有一个 S/H，可以在同一指令控制下对各路信号同时采用，获得各路信号在同一时刻的瞬时值。该系统速度较慢。

(3) 多通道 A/D 系统是指每个通道都有各自独立的 S/H 电路和 A/D 转换器，各个通道的信号可以独立进行采样和 A/D 转换。这种结构形式适应于高速系统、分散系统，以及多通道并行数据采集系统。但系统所用硬件多、成本高。

10.3 习题选解

[习题 10.1] 图 10.2.1 所示的 T 型 D/A 转换器中，若 $U_R = +10$ V，$R = 10R_F$，试求当 $d_3d_2d_1d_0 = 1010$ 时，输出电压 U_o 为多少伏？

解 输入的是 4 位二进制数，则运算放大器输出的模拟电压为

$$U_o = -\frac{R_F U_R}{3R \times 2^n}(d_{n-1} \times 2^{n-1} + d_{n-2} \times 2^{n-2} + \cdots + d_0 \times 2^0) =$$

$$-\frac{10}{3 \times 10 \times 2^4}(d_3 \times 2^3 + d_2 \times 2^2 + d_1 \times 2^1 + d_0 \times 2^0) =$$

$$-\frac{10}{3 \times 10 \times 2^4}(1 \times 2^3 + 0 \times 2^2 + 1 \times 2^1 + 0 \times 2^0)\ \text{V} =$$

$$-0.208\ \text{V}$$

注意：由于 T 型电阻网络在动态过程中相当于一根传输线，从 U_R 加到各级电

阻上开始，到运算放大器的输入电压稳定建立需要一定时间，因而位数较多时，将影响DAC转换速度。而由于各级电压信号到运算放大器输入端的时间有差异，还可能在输出端产生相当大的尖峰脉冲。如果各开关的运作时间再有差异，输出的尖峰脉冲可能会持续更长的时间。因此，工程中主要应用倒T型电阻DAC。

[习题10.2]　倒T型电阻网络D/A转换器，如图10.2.2所示，已知$U_R=10\ V$，$R=R_F=10\ k\Omega$时，试求：

(1) 当$d_3d_2d_1d_0=1111$时，各电子开关中的电流分别是多少？

(2) 输出电压U_o是多少？

解　(1) 对于图10.2.2所示电阻网络，从右端向左看，输入的等效电阻为R，因此输入的电流为

$$I_R=\frac{U_R}{R}=\frac{10}{10}=1\ mA$$

由分流关系得各开关S_3，S_2，S_1，S_0支路的电流分别为

$$I_3=\frac{1}{2}I_R=0.5\ mA$$

$$I_2=\frac{1}{4}I_R=0.25\ mA$$

$$I_1=\frac{1}{8}I_R=0.125\ mA$$

$$I_0=\frac{1}{16}I_R=0.062\ 5\ mA$$

当$d_3d_2d_1d_0=1111$时，电阻网络输出电流I_{o1}为

$$I_{o1}=d_3I_3+d_2I_2+d_1I_1+d_0I_0=$$
$$(1\times0.5+1\times0.25+1\times0.125+1\times0.062\ 5)\ mA=0.937\ 5\ mA$$

(2) 输出电压U_o为

$$U_o=-R_FI_{o1}=-10\times0.937\ 5\ V=-9.375\ V$$

第11章 变压器与电动机

11.1 基本要求

(1) 了解磁性材料的磁性能；

(2) 了解分析磁路的基本定律；

(3) 理解铁心线圈电路中的电磁关系、电压电流关系以及功率与能量问题，特别要掌握关系式 $U \approx 4.44 f N \Phi_m$；

(4) 了解变压器的基本结构、工作原理和外特性，掌握其电压、电流和阻抗变换特性；

(5) 了解三相异步电动机的基本结构、转动原理、机械特性，掌握起动和反转的方法；

(6) 理解三相异步电动机铭牌数据的意义；

(7) 了解单相异步电动机、直流电动机和控制电机的结构、原理和特性。

11.2 学习指导

在工程实践中，继电器、变压器和电机被广泛应用，这些电气设备不仅涉及电路问题，而且还涉及磁路问题。本章首先介绍了磁路的基本概念和定律；其次，重点介绍了变压器和三相异步电动机的结构、工作原理和应用；最后简要介绍了单相异步电动机、直流电动机和几种控制电动机的原理和应用。在学习本章内容时，应对比已学内容，例如：磁路和电路、直流励磁铁心线圈与交流励磁铁心线圈、交流铁心线圈电路与交流空心线圈电路等，这样可以了解相互之间的异同，有利于知识的掌握。掌握铁心线圈中关系式 $U \approx 4.44 f N \Phi_m$ 在变压器和电机中的灵活应用来学习这些设备。本章重点在于变压器的三种变换作用，三相异步电动机的机械特性，三种重要转矩和起动与反转方法。

11.2.1 磁性能

磁路是由磁性材料制成的磁通集中通过的路径。磁性材料具有以下磁性能：

(1) 高导磁性。磁性材料的磁导率很高，相对磁导率远远大于1。

(2) 磁饱和性。磁性材料在磁化过程中，当磁通势 F 达到一定程度时，磁通基本不会增加，呈现饱和现象。

(3) 磁滞性。在励磁电流大小和方向发生变化时，磁感应强度 B 的变化滞后于磁场强度 H 的变化。

11.2.2　磁路的基本定律

1. 安培环路定律

安培环路定律是指在磁路中，沿任一闭合路径磁场强度 H 的线积分等于与该闭合路径交链的电流的代数和，即

$$\oint H\mathrm{d}l = \sum I$$

此公式是确定磁场和电流之间关系的一个基本定律，是分析和计算磁路的基础。对于分段磁路，安培环路定律公式可变换为

$$NI = H_1 l_1 + H_2 l_2 + \cdots = \sum (Hl)$$

2. 磁路欧姆定律

磁路欧姆定律是用来确定磁路磁通 Φ，磁通势 F 和磁阻 R_m 之间的关系。即

$$\Phi = \frac{NI}{\dfrac{l}{\mu S}} = \frac{F}{R_m}$$

与电路的欧姆定律相似，其对分析磁路与电路间的相互关系、运行特性等具有重要的作用。由于 μ 不是常数，不能用于定量计算，只能用于定性分析。

11.2.3　交流铁心线圈电路

交流铁心线圈是学习变压器、交流电机的基础。本章分别从电磁关系、电压电流关系和功率损耗三个方面分析交流铁心线圈电路。

1. 电磁关系

交流铁心线圈电路的电磁关系表示如下：

$$u \rightarrow i(Ni) \begin{cases} \Phi \rightarrow e = -N\dfrac{\mathrm{d}\Phi}{\mathrm{d}t} \\ \Phi_\sigma \rightarrow e_\sigma = -N\dfrac{\mathrm{d}\Phi}{\mathrm{d}t} = -L_\sigma\dfrac{\mathrm{d}i}{\mathrm{d}t} \end{cases}$$

2. 电压电流关系

交流铁心线圈电路电压和电流关系用相量表示为

$$\dot{U} = R\dot{I} - \dot{E} - \dot{E}_\sigma$$

如果主磁通 $\Phi = \Phi_m \sin\omega t$，则铁心线圈在正弦交流电压作用下，电压有效值与

铁心中磁通最大值的关系为

$$U \approx E = 4.44 f N \Phi_m = 4.44 f N B_m S$$

当线圈匝数 N、外加电压 U 和频率 f 一定时，铁心中的磁通最大值保持基本不变。

3. 功率损耗

交流铁心线圈电路的功率损耗为

$$\Delta P = \Delta P_{Cu} + \Delta P_{Fe} = RI^2 + \Delta P_h + \Delta P_e$$

(1) 线圈电阻 R 上的功率损耗 RI^2，即铜损 ΔP_{Cu}。

(2) 处于交变磁通下铁心的功率损耗，即铁损 ΔP_{Fe}。铁损是由磁滞和涡流产生的损耗。

(3) 由磁滞所产生的铁损称为磁滞损耗 ΔP_h。磁滞损耗要引起铁心发热，为了减小磁滞损耗，应选用磁滞回线狭小的软磁材料制作变压器和电机的铁心。

(4) 由涡流在铁心电阻上产生的功率称为涡流损耗 ΔP_e。为了减小涡流，交流电工设备的铁心大多采用硅钢片叠成。

11.2.4 变压器

1. 电压变换关系

$$\frac{U_1}{U_{20}} \approx \frac{E_1}{E_2} = \frac{N_1}{N_2} = K$$

式中 U_{20}—— 变压器空载时副边绕组的端电压，又称空载电压；

K—— 变压器原、副边绕组的匝数比，称为变压比，简称变比。

2. 电流变换关系

$$\frac{I_1}{I_2} \approx \frac{N_2}{N_1} = \frac{1}{K}$$

该式是在忽略空载电流 I_0 时得出的关系式。

3. 阻抗变换关系

$$|Z'_L| = (N_1/N_2)^2 |Z_L| = K^2 |Z_L|$$

4. 功率损耗

功率损耗包括铁损 ΔP_{Fe} 和绕组铜损 ΔP_{Cu} 两部分。其中铁损为磁滞损耗 ΔP_h 和涡流损耗 ΔP_e 之和，即

$$\Delta P_{Fe} = \Delta P_h + \Delta P_e$$

铜损为变压器原、副绕组电流在通过绕组时，在两个绕组电阻上产生的损耗之和，即

$$\Delta P_{Cu} = R_1 I^2 + R_2 I^2$$

变压器的效率是其输出功率 P_2 与输入功率 P_1 的比值，即

$$\eta=\frac{P_2}{P_1}\times 100\%=\frac{P_2}{P_2+\Delta P_{Cu}+\Delta P_{Fe}}\times 100\%$$

式中　P_2—— 负载功率($P_2=U_2I_2\cos\varphi_2$);

P_1—— 电源输入功率($P_1=U_1I_1\cos\varphi_2=P_2+\Delta P_{Cu}+\Delta P_{Fe}$)。

额定容量 S_N 是指变压器副边额定电压和额定电流的乘积,即副边的视在功率。

$$S_N=U_{2N}I_{2N}\approx U_{1N}I_{1N}$$

11.2.5　三相异步电动机的结构

三相异步电动机由定子和转子两部分组成。定子是三相异步电动机固定不动部分,由定子铁心、定子绕组和机座等组成;转子是三相异步电动机旋转部分,由转子铁心、转子绕组和转轴等组成。按转子绕组结构形式的不同,异步电动机可分为鼠笼式和绕线式两种。

11.2.6　三相异步电动机的转动原理

转子转动的物理过程:定子三相绕组通入三相电流后产生旋转磁场 → 旋转磁场切割转子导条时便在其中感应出电动势和电流 → 转子电流与旋转磁场相互作用而产生电磁转矩 → 电磁转矩使转子转动。

1. 旋转磁场

旋转磁场是由定子绕组三相电流共同产生的合成磁场,它在空间旋转着,磁场的磁通通过定子铁心、转子铁心和两者之间的空气隙而闭合。旋转磁场的转动方向与通入绕组的三相电流的相序有关。

2. 转差率

旋转磁场的转速 n_1 为

$$n_1=\frac{60f_1}{p}$$

转差率 s 为

$$s=\frac{n_1-n}{n_1}$$

转差率是分析异步电动机运行情况的一个重要参数。通常异步电动机的额定转速 n_N 接近同步转速 n_1 时,转差率 s_N 很小,约为0.01～0.06。当 $n=0$ 时(电动机起动开始瞬间),$s=1$,此时转差率最大。

11.2.7　三相异步电动机的定子和转子电路

三相异步电动机的电磁关系分析与变压器相似,其定子绕组相当于变压器的

原绕组，转子绕组相当于变压器的副绕组。定子绕组中产生感应电动势为

$$E_1 = 4.44 f_1 N_1 \Phi_m \approx U_1$$

旋转磁场在转子绕组中产生的感应电动势为

$$E_2 = 4.44 f_2 N_2 \Phi_m = sE_{20}$$

转子电流的频率为

$$f_2 = sf_1$$

转子绕组每相等效感抗为

$$X_2 = sX_{20}$$

转子每相电路的电流为

$$I_2 = \frac{E_2}{\sqrt{R_2^2 + X_2^2}} = \frac{sE_{20}}{\sqrt{R_2^2 + (sX_{20})^2}}$$

转子电路的功率因数为

$$\cos\varphi_2 = \frac{R_2}{\sqrt{R_2^2 + X_2^2}} = \frac{R_2}{\sqrt{R_2^2 + (sX_{20})^2}}$$

11.2.8 三相异步电动机的转矩和机械特性

三相异步电动机的电磁转矩是由旋转磁场和转子电流相互作用产生的。电磁转矩 T 受转差率 s 和转子电阻 R_2 的影响，与定子每相电压 U_1 的平方成正比。具体公式为

$$T = C_T \Phi_m I_2 \cos\varphi_2$$

$$T = CU_1^2 \frac{sR_2}{R_2^2 + (sX_{20})^2}$$

(1) 额定转矩 T_N 为

$$T_N = \frac{P_{2N}}{\frac{2\pi n_N}{60}} = 9\ 550 \times \frac{P_{2N}}{n_N}$$

(2) 最大转矩 T_m 为

$$T_m = \frac{CU_1^2}{2X_{20}}$$

(3) 起动转矩 T_{st} 为

$$T_{st} = CU_1^2 \frac{R_2}{R_2^2 + (X_{20})^2}$$

11.2.9 三相异步电动机的使用

1. 起动

三相异步电机直接起动时电流 I_{st} 约为额定电流 I_N 的 5 ～ 7 倍。过大的起动

电流会造成线路上电压降低，影响线路上其他负载的正常工作。应采取适当措施，减少起动电流。

对于 20 ～ 30 kW 以下的三相异步电动机一般均可采用直接起动。对于大容量电机采用 Y - △ 换接起动和自耦降压起动可降低起动电流，但同时也会降低起动转矩。而绕线式电动机可通过在转子电路中接入适当的起动电阻来降低起动电流，增大起动转矩。

2. 反转

电动机的转动方向与旋转磁场的方向是一致的，为改变电机转向可通过改变三相电流的相序，也就是将三相电源中任意两根对调位置即可实现。

3. 调速

根据转子转速公式

$$n = (1 - s)n_1 = (1 - s)\frac{60f_1}{p}$$

可知调速的方法有变频调速、变极调速和变转差率调速三种。

11.2.10　三相异步电动机的铭牌

读懂电动机铭牌数据是正确和合理使用电动机的前提条件。了解各个数据的意义，根据三相绕组的始末端能正确连接成星形或三角形。正确选择电动机的容量，减少空载时间，提高效率和功率因数。

电动机的额定功率 P_{2N} 是电动机额定运行时，电动机轴上输出的机械功率。电动机输入功率 P_{1N} 与额定功率 P_{2N} 之比为电动机额定运行时的效率，即

$$\eta_N = \frac{P_{2N}}{P_{1N}} = \frac{P_{2N}}{\sqrt{3}U_{1N}I_{1N}\cos\varphi_N} \times 100\%$$

常用三相鼠笼式电动机额定运行时的效率约为 0.72 ～ 0.94。电动机的负载越轻，效率越低，故不宜长时间轻载。

11.2.11　单相异步电动机

单相异步电动机中的磁场是交变脉动磁场，不能自行起动。可采用电容分相式起动绕组（或者罩极式结构）得出两相电流，从而产生两相旋转磁场，使电机转动起来。当转速接近额定转速时，起动绕组自行切断。

11.2.12　直流电动机

直流电动机按照励磁绕组与电枢绕组连接方式的不同，分为他励、并励、串励和复励电动机。其中并励和他励电动机应用较为普遍，它们只是连接上不同，特性相同。可通过在电枢回路中串联起动电阻来降低起动电流，通过改变电枢电流或

励磁电流的方向来实现电机反转。

11.2.13 控制电动机

(1) 交流伺服电动机实质上是两相异步电动机，在自动控制系统中能将电压信号转换为转矩和转速来驱动控制对象。当信号电压的大小和相位发生变化时，电动机的转速和转向也将灵敏和准确地随之改变。其转动原理与单相异步电动机电容分相式起动类似。

(2) 步进电动机是一种利用电磁铁的作用原理将电脉冲信号转换成线位移或角位移的特殊电动机。每给一个脉冲信号，电动机就转过一个角度或前进一步。其在数控机床、自动记录仪表、检测仪表中广泛应用。

11.3 习题选解

［习题 11.3］ 图 11.3.1 所示是一电源变压器，电源为 220 V，原绕组匝数为 550，它有两个副绕组，一个电压为 36 V，负载功率为 36 W；另一个电压为 12 V，负载功率为 24 W。不计空载电流，试求：

(1) 两副绕组的匝数。

(2) 原绕组的电流。

(3) 变压器的容量至少应为多少？

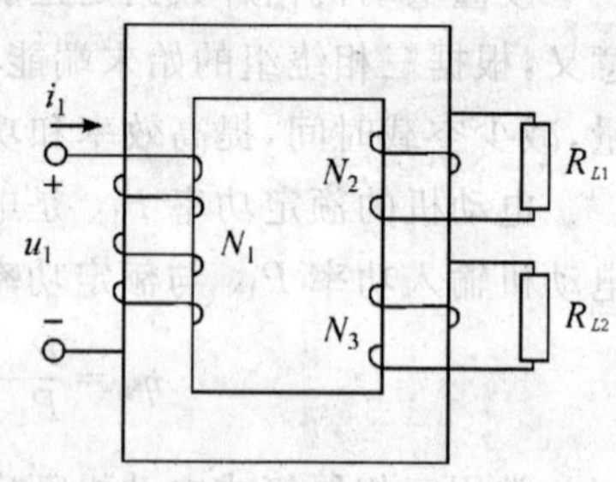

图 11.3.1 习题 11.3 的图

解 (1) 由 $N_1:N_2=U_1:U_2$ 可得

$$N_2=\frac{U_2N_1}{U_1}=\frac{36\times 550}{220}=90\ \text{匝}$$

由 $N_1:N_3=U_1:U_3$ 可得

$$N_3=\frac{U_3N_1}{U_1}=\frac{12\times 550}{220}=30\ \text{匝}$$

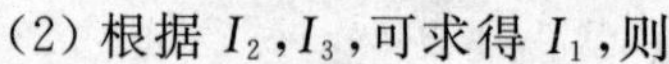

(2) 根据 I_2，I_3，可求得 I_1，则

$$I_2=\frac{P_2}{U_2}=\frac{36}{36}\ \text{A}=1\ \text{A}$$

$$I_3=\frac{P_3}{U_3}=\frac{24}{12}\ \text{A}=2\ \text{A}$$

因为 i_2 和 i_3 相位相同，则

$$U_1I_1=U_2I_2+U_3I_3$$

则

$$I_1=\frac{U_2I_2+U_3I_3}{U_1}=\frac{36\times 1+12\times 2}{220}\ \text{A}=0.27\ \text{A}$$

(3) 变压器的容量

$$S=U_2I_2+U_3I_3=(36\times1+12\times2)\ \text{W}=60\ \text{W}$$

注意：变压器使用工频交流电，无固定的极性，但对于一个变压器上的两个绕组来说，具有相对极性。同极性端与线圈绕组的绕向有关，使用时必须正确连接，否则两绕组的磁动势互相抵消，无磁通，也无反电动势，绕组中的电流极大，无熔断器保护时，将会使变压器损坏。

[习题 11.4]　一单相变压器容量为 10 kV·A，电压为 6 600/220 V。试求：

(1) 原、副边的额定电流；

(2) 若负载为 220 V，100 W 的灯泡，满载时能接多少个灯泡？

(3) 若负载为 220 V，100 W，$\cos\varphi=0.8$ 的小型电动机，满载时能接多少台？

解　(1) 原、副边额定电流分别为

$$I_{1N}=\frac{S_N}{U_{1N}}=\frac{10\times10^3}{6\ 600}\ \text{A}=1.52\ \text{A}$$

$$I_{2N}=\frac{S_N}{U_{2N}}=\frac{10\times10^3}{220}\ \text{A}=45.5\ \text{A}$$

(2) 每个灯泡的电流为

$$I_N=\frac{P}{U}=\frac{100}{220}\ \text{A}=0.455\ \text{A}$$

可接灯泡个数为

$$\frac{I_{2N}}{I_N}=\frac{45.5}{0.455}=100\ 个$$

由于灯泡的 $\cos\varphi=1$，故所接灯泡个数也可按下式计算：

$$\frac{S_N}{P}=\frac{10\times10^3}{100}=100\ 个$$

(3) 每台电动机的电流为

$$I_N=\frac{P}{U\cos\varphi}=\frac{100}{220\times0.8}\ \text{A}=0.568\ \text{A}$$

可接电动机台数为

$$\frac{I_{2N}}{I_N}=\frac{45.5}{0.568}=80\ 台$$

注意：由计算结果来看，由于电动机的功率因数比灯泡低，使得电源变压器的利用率低了，这就是要提高功率因数的缘由。

[习题 11.6]　图 11.3.2 中，将 $R_L=8\ \Omega$ 的扬声器接在输出变压器的副绕组。已知 $N_1=300$，$N_2=100$，信号源磁通势 $U_S=6$ V，内阻 $R_0=100\ \Omega$。试求：

(1) 信号源输出功率。

(2) 当信号源输出最大功率时，变压器的变比 K 和输出的最大功率。

解　(1) 负载 R_L 反映到原边的等效电阻为

$$R'_L=\left(\frac{N_1}{N_2}\right)^2 R_L=\left(\frac{300}{100}\right)^2\times 8\ \Omega=72\ \Omega$$

信号源的输出功率为

$$P_L=\left(\frac{E}{R_0+R'_L}\right)^2 R'_L=\left(\frac{6}{100+72}\right)^2\times 72\ \text{mW}=87.6\ \text{mW}$$

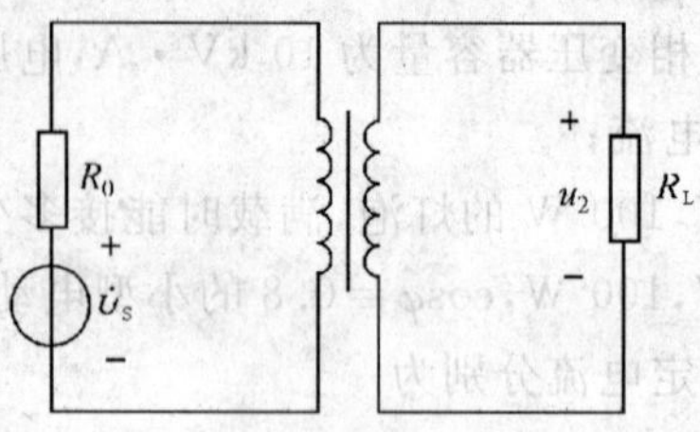

图 11.3.2　习题 11.6 的图

(2) 欲使输出功率达到最大，负载在原边的等效电阻应等于电源内阻，即

$$R'_L=K^2R_L=R_0$$

则

$$K=\sqrt{\frac{R_0}{R_L}}=\sqrt{\frac{100}{8}}=3.5$$

注意：(1) 阻抗匹配是利用了电源输出最大功率的条件，也就是负载与内阻相等。

(2) 若负载阻抗很小，而信号源内阻较大时，如果不采用变压器进行阻抗匹配，则负载所获得的功率很小。

[习题 11.7]　一台 Y225M－4 型三相异步电动机，额定数据如表 11.3.1 所示。

表 11.3.1　电机的铭牌数据

功　率	转　速	电　压	效　率	功率因数	I_{st}/I_N	T_{st}/T_N	T_{max}/T_N
45 kW	1 480 r/min	380 V	92.3%	0.88	7.0	1.9	2.2

试求：

(1) 额定电流。

(2) 额转差率 s_N。

(3) 额定转矩 T_N、最大转矩 T_{max} 和起动转矩 T_{st}。

(4) 如果负载转矩为 510.2 N·m，在电源电压 $U=U_N$ 和 $U=0.9U_N$ 两种情况下能否起动？

解　(1) 额定电流为

$$I_N=\frac{P_N}{\sqrt{3}U_N\cos\varphi\eta}=\frac{45\times10^3}{\sqrt{3}\times380\times0.88\times0.923}\text{ A}=84.2\text{ A}$$

(2) 根据转速，可判断额定转速为 1 500 r/min，则转差率为

$$s=\frac{n_1-n}{n_1}=\frac{1\,500-1\,480}{1\,500}=1.3\%$$

(3) 额定转矩为

$$T_N=9\,550\frac{P_N}{n_N}=9\,550\times\frac{45}{1\,480}\text{ N}\cdot\text{m}=290.4\text{ N}\cdot\text{m}$$

最大转矩为

$$T_{max}=2.2T_N=2.2\times290.4\text{ N}\cdot\text{m}=638.88\text{ N}\cdot\text{m}$$

起动转矩为

$$T_{st}=1.9T_N=1.9\times290.4\text{ N}\cdot\text{m}=551.76\text{ N}\cdot\text{m}$$

(4) 电源电压 $U=U_N$ 时，起动转矩为

$$T'_{st}=551.76\text{ N}\cdot\text{m}>510.2\text{ N}\cdot\text{m}$$

所以电机可以起动。

电源电压 $U=U_N$ 时，起动转矩为

$$T'_{st}=(0.9)^2T_{st}=0.81\times551.76\text{ N}\cdot\text{m}=446.92\text{ N}\cdot\text{m}<510.2\text{ N}\cdot\text{m}$$

所以电机不能起动。

[习题11.8]　一台三相异步电动机，极对数 $p=2$，额定功率为 30 kW，额定电压为 380 V，$T_{st}/T_N=1.2$，$I_{st}/I_N=7$，三角形接法。在额定负载下运行时，其转差率为 0.02，效率为 90%，线电流为 57.5 A。试求：

(1) 转子旋转磁场相对于转子的转速。

(2) 额定转矩。

(3) 额定运行时的功率因数。

(4) 用 Y-△ 换接起动时的起动电流和起动转矩。

解　(1) 旋转磁场的转速为 1 500 r/min，转子转速为

$$n=(1-s)n_1=(1-0.02)\times1\,500\text{ r/min}=1\,470\text{ r/min}$$

转子旋转磁场相对于转子转速为

$$n_r=n_1-n=(1\,500-1\,470)\text{ r/min}=30\text{ r/min}$$

(2) 额定转矩为

$$T_N=9\,550\frac{P_N}{n_N}=9\,550\times\frac{30}{1\,470}\text{ N}\cdot\text{m}=194.9\text{ N}\cdot\text{m}$$

(3) 额定运行时的功率因数为

$$\cos\varphi=\frac{P_N}{\sqrt{3}U_NI_N\eta}=\frac{30\times10^3}{\sqrt{3}\times380\times57.5\times0.90}=0.88$$

(4) 直接起动时起动电流和起动转矩为

$$I_{st}=7I_N=7\times57.5\ \text{A}=402.5\ \text{A}$$

$$T_{st}=1.2T_N=1.2\times194.9\ \text{N}\cdot\text{m}=233.88\ \text{N}\cdot\text{m}$$

用 Y－△ 换接起动时的起动电流和起动转矩分别为

$$I'_{st}=\frac{1}{3}I_{st}=\frac{1}{3}\times402.5\ \text{A}=134.2\ \text{A}$$

$$T'_{st}=\frac{1}{3}T_{st}=\frac{1}{3}\times233.88\ \text{N}\cdot\text{m}=77.96\ \text{N}\cdot\text{m}$$

[习题 11.10] 已知一他励电动机的额定数据如下：$n=1\ 500$ r/min，$U=U_f=110$ V，$P_2=2.2$ kW，$\eta=0.8$；$R_f=82.7\ \Omega$，$R_a=0.4\ \Omega$。试求：

(1) 电枢电流。

(2) 励磁电流。

(3) 励磁功率。

(4) 输出转矩。

(5) 反电动势。

解 (1) 输入功率为

$$P_1=\frac{P_2}{\eta}=\frac{2.2}{0.8}\ \text{kW}=2.75\ \text{kW}$$

电枢电流为

$$I_a=\frac{P_1}{U}=\frac{2.75\times10^3}{110}\ \text{A}=25\ \text{A}$$

(2) 励磁电流为

$$I_f=\frac{U_f}{R_f}=\frac{110}{82.7}\ \text{A}=1.11\ \text{A}$$

(3) 励磁功率为

$$P_f=U_fI_f=110\times1.33\ \text{W}=146.3\ \text{W}$$

(4) 输出转矩为

$$T_N=9\ 550\frac{P_2}{n}=9\ 550\times\frac{2.2}{1\ 500}\ \text{N}\cdot\text{m}=14\ \text{N}\cdot\text{m}$$

(5) 反电动势为

$$E=U-R_{a0}I_a=(110-0.4\times25)\ \text{V}=100\ \text{V}$$

第12章　电气自动控制技术

12.1　基本要求

(1) 了解常用控制电器的基本结构、工作原理、控制作用以及电路符号；

(2) 掌握三相异步电动机的直接起动控制、正反转控制电路，了解行程控制和时间控制电路；

(3) 掌握自锁和互锁的概念、作用和应用方法；

(4) 掌握短路保护、过载保护、零压保护的作用和实现方法；

(5) 能够分析和读懂简单的继电接触器控制电路，理解控制过程；

(6) 能够根据功能要求设计和绘制简单的控制电路；

(7) 了解可编程控制器的结构和工作原理；

(8) 根据简单的控制要求，画出梯形图、外部接线图和指令语句表；

(9) 掌握基本指令，编制简单程序。

12.2　学习指导

继电接触器控制系统是指采用继电器、接触器及按钮等控制电器来实现对电动机或其他电器设备的接通和断开等操作的自动控制系统。而PLC是以微型计算机为核心，使用软件编程的方法替代继电器硬件的连接，通过改变控制对象的运行程序来改变控制过程。本章前部分主要介绍常用控制电器的功能和原理，分析常用控制电路，掌握简单控制电路的设计方法；后部分主要介绍可编程控制器的结构和工作原理，掌握可编程控制器的控制指令和编程方法，实现对控制作用的设计过程。在学习继电接触控制和PLC控制的过程中应相互对照参考，分析两种不同控制方法的异同。本章重点在于掌握基本的继电控制环节并能用PLC编程语言进行实现。

12.2.1　常用控制器在电路中的符号和作用

(1) 原理图中规定的所有电器的触点均表示在没有通电或没有发生机械工作时的位置。

1) 接触器是在铁心未被吸合时的位置，即主触点和辅助触点是断开的，辅助常闭触点是闭合的。

2）按钮是在未按下时的位置，即常开触点是断开的，常闭触点是闭合的。

（2）接触器的作用：主触点通过的电流大，可接通断开主电路中的电动机或其他电气设备；辅助触点通过的电流小，在控制电路中具有零压和欠压保护作用。

（3）时间继电器的作用是进行时限控制。

1）时间继电器分通电延时和断电延时时间继电器。

2）辅助瞬时触点是在吸引线圈通电时，常开触点闭合，常闭触点断开。

3）辅助瞬时触点是在吸引线圈断电时，常开触点断开，常开触点闭合。

4）辅助瞬时触点的断开和闭合是不经过延时的。

（4）行程开关的作用是限位、保护和自动往复循环控制。

1）在限位控制中，常闭触点和控制电路中接触器吸引线圈串联连接。

2）在自动往复循环控制中，除闭合触点与接触器吸引线圈串联外，常开触点与起动按钮并联连接。

要求能够看懂和区分各种控制电器、电机的图形符号和文字符号，如表12.2.1所示。

表 12.2.1　常见控制电器图形和文字符号

名　称		符　号	名　称			符　号
三相笼型电动机		M 3~	接触（KM）、继电器（KA）、时间继电器（KT）的线圈			
			接触器触头 KM		常开（动合）	
三相绕线型异步电动机		M 3~			常闭（动断）	
			接触器（KM）的辅助触头和继电器（KA）触头		常开（动合）	
					动断（常闭）	
三极开关 Q（隔离开关 QS）			时间继电器的触头 KT	通电时触头延时动作	常开延时闭合	
					常闭延时断开	
				断电时触头延时动作	常开延时断开	
熔断器 FU					常闭延时闭合	
指示灯 L			行程开关 ST		常开（动合）	
按钮 SB	常开（动合）				常闭（动断）	
	常闭（动断）		热继电器 FR		常闭触头	
					发热元件	

12.2.2　基本控制电路

本章以鼠笼型电动机为研究对象，研究直接起停和点动控制、正反转和行程控制、时间和顺序控制等基本控制电路。

1. 直接起停和点动控制电路

电机直接起停电路如图 12.2.1 所示。其中热继电器 FR 为过载保护环节。FU 为短路保护环节。KM 常开辅助触头具有自锁功能。

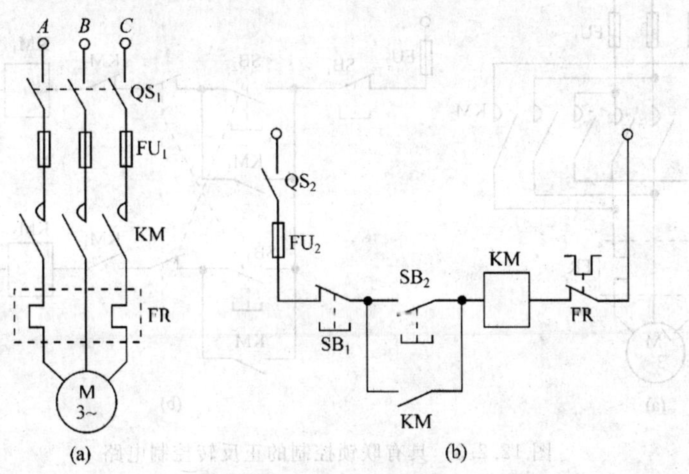

图 12.2.1　直接起停电路

(a) 主电路；(b) 控制电路

动作次序如下：

按下 SB_2 ⟶ KM 线圈得电 ⟶ { KM 主触点闭合 ⟶ 电动机运转；KM 辅助触头闭合 ⟶ 自锁 }

按下 SB_1 ⟶ KM 线圈失电 ⟶ { KM 主触点断开 ⟶ 电动机停转；KM 辅助触点断开 ⟶ 取消自锁 }

一般电路要求既有点动控制功能又有连续运转控制功能，可使用如图 12.2.2 所示控制电路。

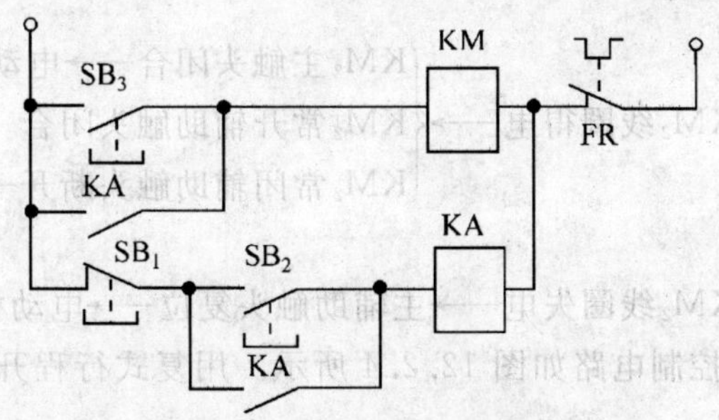

图 12.2.2　点动与连续控制

2. 正反转和行程控制电路

电机正反转控制电路如图 12.2.3 所示，接触器 KM_1 和 KM_2 采用电气联锁（互锁）控制，复合按钮 SB_2 和 SB_3 采用机械联锁（互锁）控制，可有效避免接触器 KM_1 和 KM_2 主触头同时接入电路而造成短路。

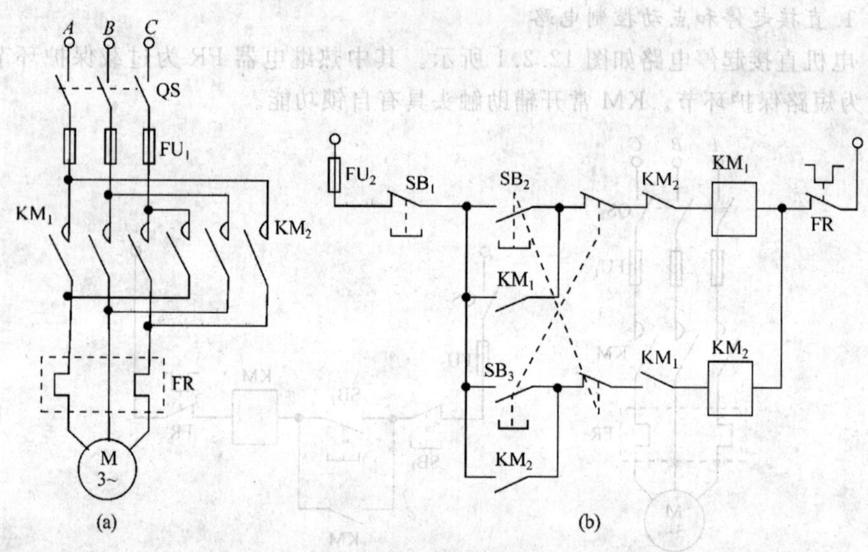

图 12.2.3　具有联锁控制的正反转控制电路

(a) 主电路；(b) 控制电路

动作次序如下：

正转

按下 SB_2 ⟶ KM_1 线圈得电 ⟶
- KM_1 主触头闭合 ⟶ 电动机正转
- KM_1 常开辅助触头闭合 ⟶ 自锁
- KM_1 常闭辅助触头断开 ⟶ 联锁

停转

按下 SB_1 ⟶ KM_1 线圈失电 ⟶ 主辅助触头复位 ⟶ 电动机停转

反转

按下 SB_3 ⟶ KM_2 线圈得电 ⟶
- KM_2 主触头闭合 ⟶ 电动机反转
- KM_2 常开辅助触头闭合 ⟶ 自锁
- KM_2 常闭辅助触头断开 ⟶ 联锁

停转

按下 SB_1 ⟶ KM_2 线圈失电 ⟶ 主辅助触头复位 ⟶ 电动机停转

自动往复行程控制电路如图 12.2.4 所示。用复式行程开关 ST_1 和 ST_2 代替复式按钮 SB_2 和 SB_3。

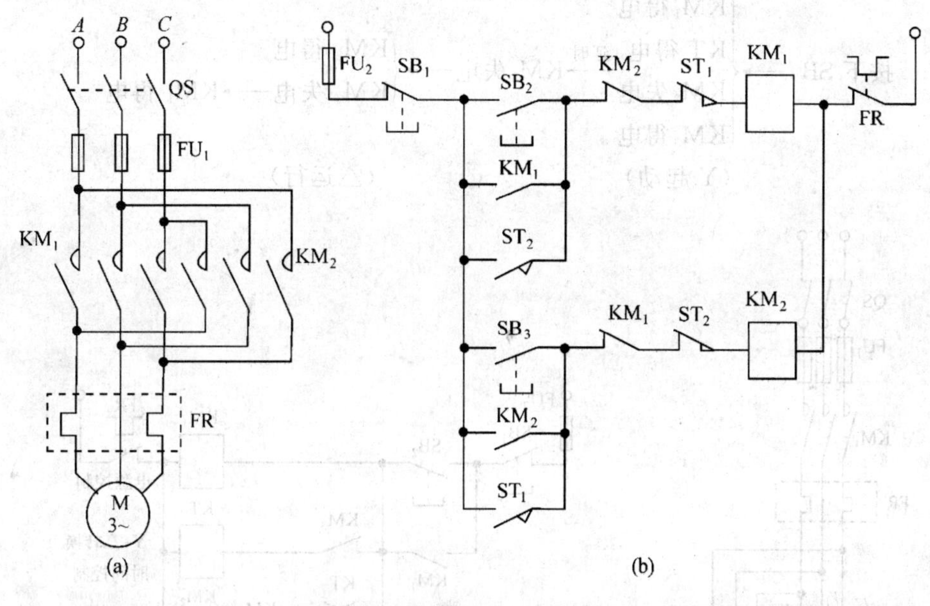

图 12.2.4　自动往复行程控制

(a)主电路；(b)控制电路

动作次序如下：

按下 SB_2 ⟶ KM_1 线圈得电 ⟶

{ KM_1 常开辅助触头闭合 ⟶ 自锁
{ KM_1 常闭辅助触头断开 ⟶ 联锁
{ KM_1 主触头闭合 ⟶ 电动机正转 ⟶ 右移到预定位置 ⟶ 撞击 ST_1 ⟶

{ 常闭辅助触头断开 ⟶ KM_1 线圈失电 ⟶ KM_1 主辅触头复位 ⟶ 停止右移
{ 常开辅助触头闭合 ⟶ KM_2 线圈得电 ⟶ { KM_2 常开辅助触头闭合 ⟶ 自锁
　　　　　　　　　　　　　　　　　　　　{ KM_2 常闭辅助触头断开 ⟶ 联锁
　　　　　　　　　　　　　　　　　　　　{ KM_2 主触头闭合 ⟶ 电动机反转 ↓

停止右移 ⟵ KM_1 线圈失电 ⟵ 常闭辅助触头断开 }
重复动作 ⟵ KM_1 线圈得电 ⟵ 常开辅助触头闭合 } 撞击 ST_2 ⟵ 左移到预定位置 ⟵

3. 时间控制电路

对于△形运转的三相异步电动机，为了降低起动电压，起动时可将定子绕组连接成 Y 形，采用时间继电器实现 Y-△起动控制如图 12.2.5 所示。其中有三个接触器 KM_1，KM_2，KM_3 和时间继电器 KT。

动作次序如下：

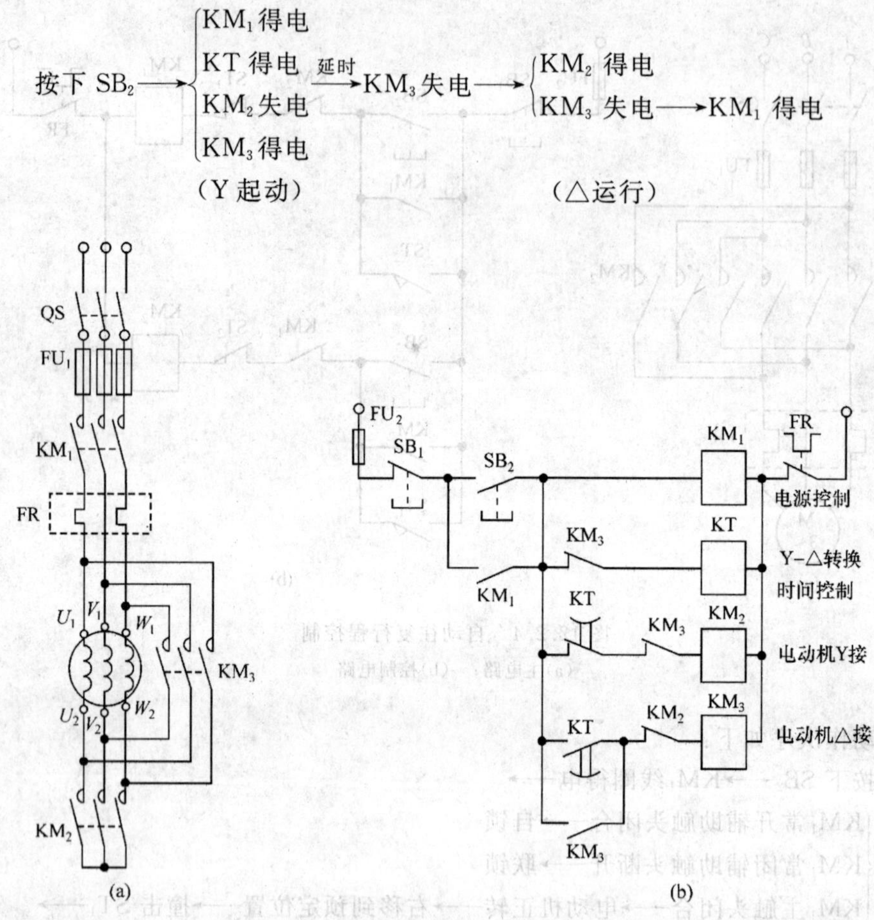

图 12.2.5 三相异步电动机 Y-△起动控制

(a) 主电路； (b)控制电路

12.2.3 控制原理图绘制原则与读图方法

(1)了解电动机、工艺过程，生产过程对电气自动控制电路的要求。

(2)主电路在控制电路的左侧，控制电路在主电路的右侧。

1)主电路的负载是电动机，通过的电流大，要用接通和分断能力较大的电器(接触器、自动空气开关)来操作，并设有各种保护电器(熔断器、热继电器等)。

2)控制电路为实现生产工艺过程，对负载运行情况进行控制，一般通过按钮、行程开关等电器发出指令，控制接触器吸引线圈的工作状态来完成。

(3)所有的电器的图形符号均按无电压、无外力作用下的正常状态画出，即按通电前的状态绘制。

(4)在控制电路中,同一电器的各个部件经常不画在一起,而分布在不同的地方,甚至不在同一张图上,应注意同一文字符号。

(5)一般控制电路的各支路的排列常依据生产工艺顺序的先后,基本上是按各电路元件动作的先后从上而下、从左到右平行绘制。

12.2.4　可编程控制器(PLC)的结构和工作原理

(1)PLC 硬件系统由主机、输入/输出接口、外设接口、I/O 扩展接口、编程器、电源等主要部分组成。可编程序控制器控制过程主要是外部的各种开关信号或模拟信号作为输入量,从输入接口输入到主机,经 CPU 处理后的信号以变量形式由输出接口送出,去驱动所控制输出设备。

(2)PLC 的工作原理与微型计算机的原理相同,采用循环扫描的工作方式。主要可分为输入采样、程序执行和输出刷新三个阶段。

12.2.5　梯形图

1. 梯形图概念

梯形图是一种从继电接触器控制电路图演变而来的图形语言。梯形图是借助类似于继电接触器的常开触点、常闭触点、线圈以及串联与并联等术语和符号,如表 12.2.2 所示。

表 12.2.2　控制和梯形图符号

元件名称	继电接触器图	梯形图
常开触点	—/—	—┤├—
常闭触点	—‿/—	—┤/├—
线　圈	—□—	—○

2. 梯形图编程规则

(1)PLC 编程元件触点的使用次数无限制。

(2)PLC 梯形图的每一逻辑行都是从左母线开始,终止于线圈。线圈右边不能有触点,线圈也不能直接连在左母线上。

(3)在一个程序中,不允许同一编号的线圈使用两次,以免引起误操作。不同编号的线圈可并联输出。

(4)编制梯形图时,应尽量做到“上重下轻、左重右轻”,使其符合“从左到右,自上到下”的执行程序的顺序,并易于编写指令程序表。

(5)在梯形图中应避免将触点画在垂直线上，这种桥式梯形图无法用指令语句编程，应将其作适当的变换后才能编程。

(6)程序结束行用“END”表示。

12.2.6 指令语句表

(1)PLC 的指令语句表和计算机汇编语言相似，是用 PLC 指令助记符按控制要求组成语句表的一种编程方式。梯形图和语句表可相互转换。本书以 OMRON 公司的 CPM1A 型 PLC 为基本机型讲述 PLC 的编程方法。

(2)CPM1A 型 PLC 常用的基本指令如表 12.2.3 所示。

表 12.2.3 CPM1A 基本指令

指令助记符	梯形图符号	操作数	功能
LD		五位数字（器件号）	以常开触点起始的逻辑行或逻辑块指令
LD NOT		五位数字（器件号）	以常闭触点起始的逻辑行或逻辑块指令
AND		五位数字（器件号）	串联常开触点指令（逻辑与）
AND NOT		五位数字（器件号）	串联常闭触点指令（逻辑与非）
OR		五位数字（器件号）	并联常开触点指令（逻辑或）
OR NOT		五位数字（器件号）	并联常闭触点指令（逻辑或非）
AND LD			两个模块串联指令
OR LD			两个模块并联指令
OUT		五位数字（器件号）	输出驱动指令
TIM	TIM N N 为定时器号	三位数字（定时器号） 四位数字（定时设定值）	定时器指令

续表

指令助记符	梯形图符号	操作数	功能
CNT	CP CNT R N N为计数器号	三位数字 (计数器号) 四位数字 (计数设定值)	计数器指令 当计数器CP端每来一个脉冲信号时,计数器数值减一,减至零时产生输出信号,R为复位端
END	END		程序结束指令

12.2.7 PLC的编程步骤

(1)熟悉系统的控制要求、使用的设备与生产工艺流程,确定各控制设备间的关系与控制动作的顺序。

(2)明确系统的输入、输出关系,确定送入PLC的动作或变化信号,哪些设备接收PLC的输出信号,系统使用PLC的I/O点数。

(3)按工艺流程的动作顺序画出相应的梯形图。

(4)将梯形图译成指令助记符程序表。用编程器或计算机将程序送入寄存器。

(5)对所编程序进行编辑、检查、修改,直至满足系统的控制要求。

12.3 习题选解

[习题12.1] 试画出三相鼠笼式电动机既能连续工作,又能点动工作的继电接触器控制线路。要求有短路、零压及过载保护。试画出控制线路并选用电器元件。

解 满足要求的主电路的控制电路如图12.2.2所示。其中SB_3是点动按钮,SB_2是使电动机连续工作的起动按钮,SB_1是连续工作停止按钮。KA为中间继电器,用来保证电机连续工作。短路保护由主电路中熔断器FU实现,FR是过载保护,继电器KM实现零压保护。

[习题12.2] 图12.3.1所示电路要实现电动机正反转控制。要求:

(1)指出该电路(即主电路和控制电路)有几处错误?分析错误将造成什么后果?

(2)改正电路中错误连接。

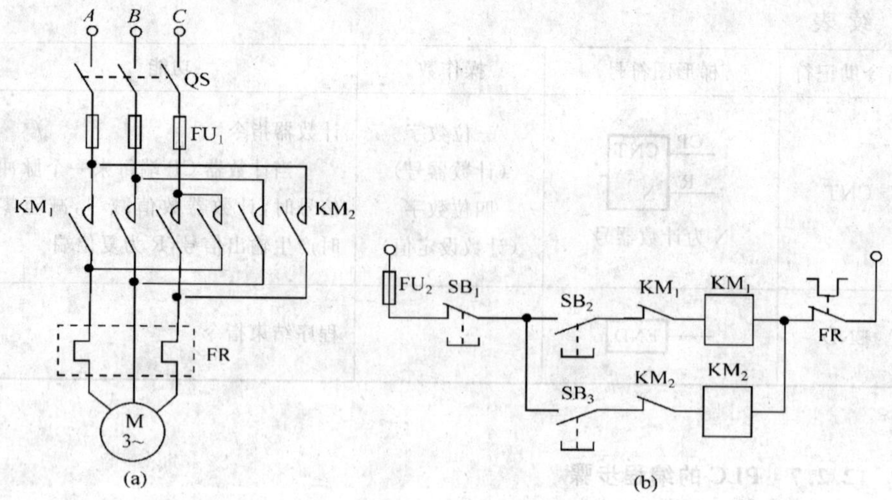

图 12.3.1　习题 12.2 的图(一)

解　(1)有 4 处错误。分别是：

1)KM_1 接触器无自锁环节。一旦松开按钮 SB_2,电机不能连续运行。

2)KM_2 接触器无自锁环节。一旦松开按钮 SB_3,电机不能连续运行。

3)按下 SB_2 后,KM_1 的辅助常闭触点将断开,KM_1 掉电,无法正常工作。

4)按下 SB_3 后,KM_2 的辅助常闭触点将断开,KM_2 掉电,无法正常工作。

(2)对应的更正措施,将控制电路改为如图 12.3.2 所示。

1)按钮 SB_2 应并联辅助常开触头来实现自锁。

2)按钮 SB_2 应并联辅助常开触头来实现自锁。

3)与 KM_1 串联的常闭辅助触头 KM_1 应更改为 KM_2。

4)与 KM_2 串联的常闭辅助触头 KM_2 应更改为 KM_1。

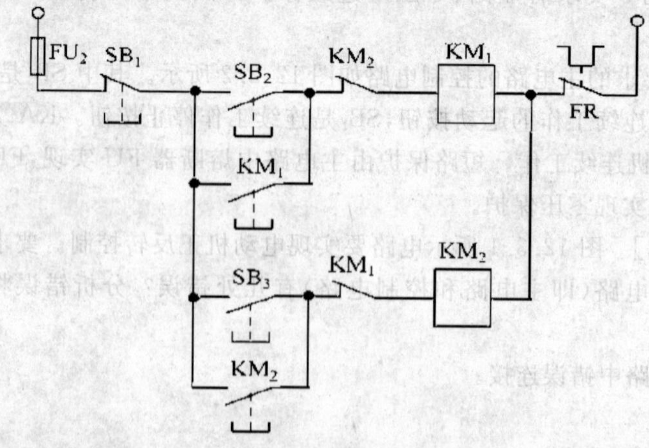

图 12.3.2　习题 12.2 的图(二)

[**习题 12.3**]　某机床主轴和润滑油泵分别由两三相异步电动机驱动。要求按以下条件设计控制电路：

(1)主轴必须在油泵开动后，才能开动。

(2)主轴要求能用电器实现正反转，并能单独停车。

(3)有短路、零压及过载保护。

解　设 M_1 为机床主轴电动机，M_2 为润滑油泵电动机，三相电源由电源开关 Q 引入电动机。由正、反向接触器 KM_1 和 KM_2 控制电动机 M_1 正反转，由接触器 KM 控制电动机 M_2。FR 为过载保护环节，FU 为短路保护元件，接触器自锁触点为零压保护。主电路和控制电路如图 12.3.3 所示。

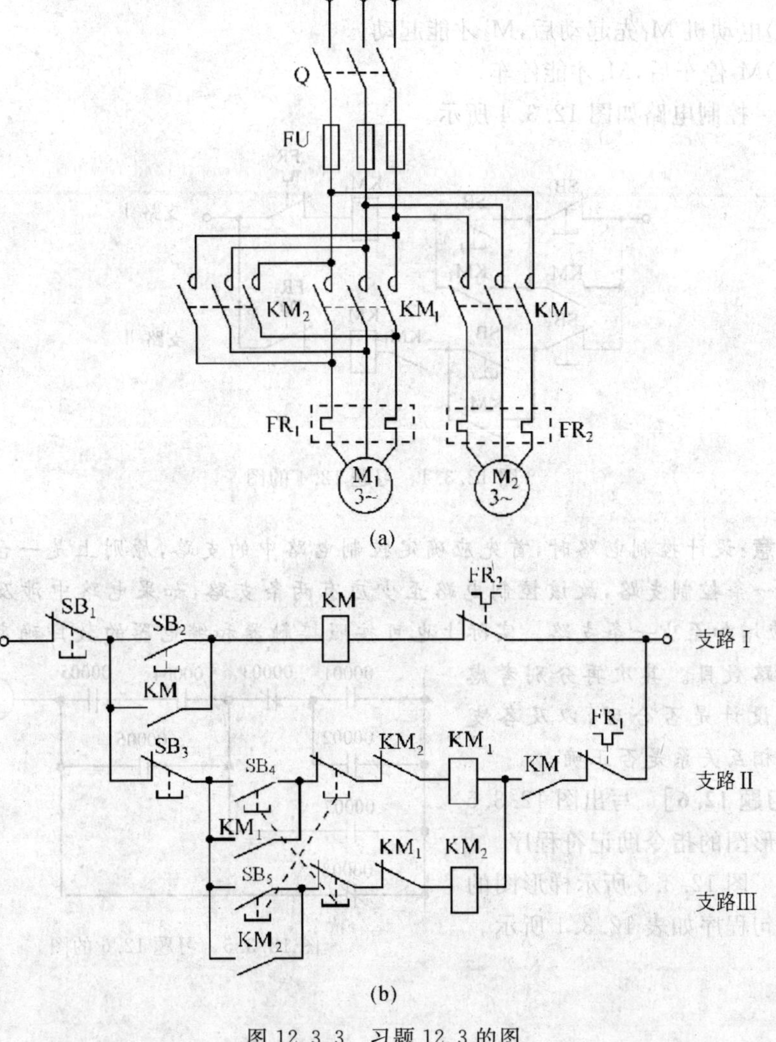

图 12.3.3　习题 12.3 的图

(a)主电路；(b)控制电路

注意:(1)短路保护是因短路电流会引起电气设备绝缘损坏而产生强大的电动力,使电动机和电气设备产生机械性损坏,故要求迅速、可靠切断电源。通常采用熔断器 FU 和过流继电器等。

(2)欠压是指电动机工作时,电源电压过低,引起电流增加甚至是电动机停转。失压(零压)是指电源电压消失而使电动机停转,在电源电压恢复时,电动机可能自动重新起动,易造成人身或设备事故。常用的失压和欠压保护有:对接触器实行自锁;用低压继电器组成失压、欠压保护。

(3)过载保护是为防止三相电动机在运行过程中电流超过额定值,而设置的保护。常采用热继电器 FR 保护,也可采用自动开关和电流继电器保护。

[习题 12.4] 设计两台三相异步电动机(M_1和 M_2)联锁控制电路。要求:

(1)电动机 M_1先起动后,M_2才能起动。

(2)M_2停车后,M_1才能停车。

解 控制电路如图 12.3.4 所示。

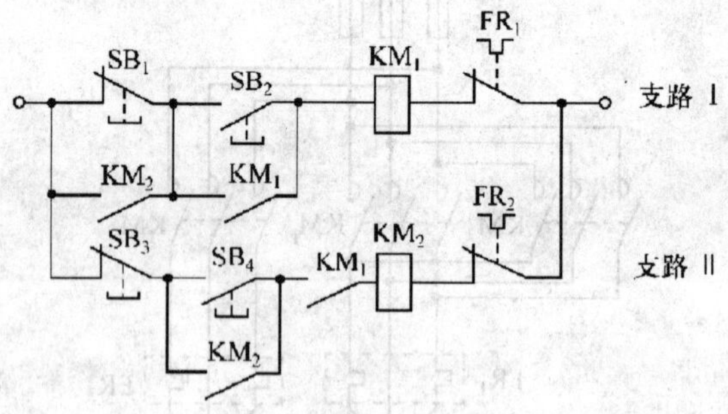

图 12.3.4 习题 12.4 的图

注意:设计控制电路时,首先应确定控制电路中的支路,原则上是一台电动机至少有一条控制支路,故该控制电路至少应有两条支路,如果电路中涉及时间控制,还应增加至少一条支路。实际上也可按照接触器和继电器的数目确定控制电路的支路数目。其次再分别考虑各支路设计是否合理,以及各支路间的相互关系是否正确。

[习题 12.6] 写出图 12.3.5 所示梯形图的指令助记符程序。

解 图 12.3.5 所示梯形图的指令语句程序如表 12.3.1 所示。

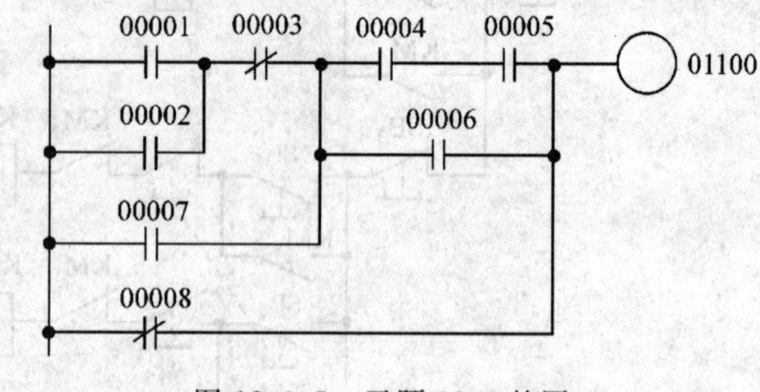

图 12.3.5 习题 12.6 的图

表 12.3.1　图 12.3.5 所示梯形图的指令语句程序

0	LD	00001
1	OR	00002
2	AND NOT	00003
3	OR	00007
4	LD	00004
5	AND	00005
6	LD	00006
7	LD NOT	00008
8	OR LD	
9	AND LD	
10	OUT	01100
11	END	

［习题 12.7］　图 12.3.6 所示梯形图可否直接编程？画出改进后的等效梯形图。

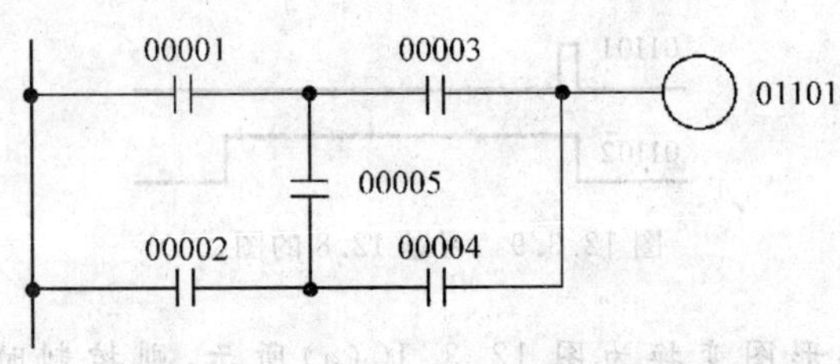

图 12.3.6　习题 12.7 的图(一)

解　图 12.3.6 所示为桥式梯形图，因此不能直接编程，必须对该梯形图进行改进才能编程，改进后的梯形图如图 12.3.7 所示。

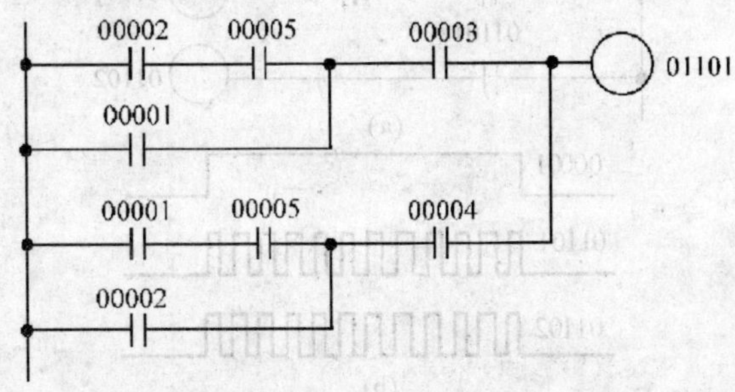

图 12.3.7　习题 12.7 的图(二)

[习题 12.8] 试画出图 12.3.8 所示梯形图的控制时序图。

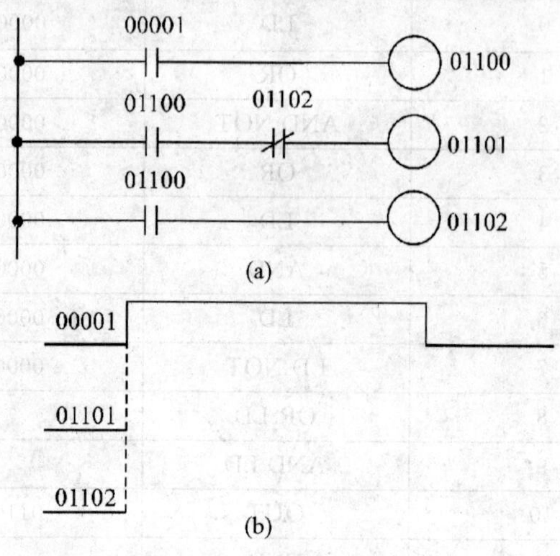

图 12.3.8 习题 12.8 的图(一)

解 图 12.3.8 所示梯形图的控制时序图如图 12.3.9 所示。

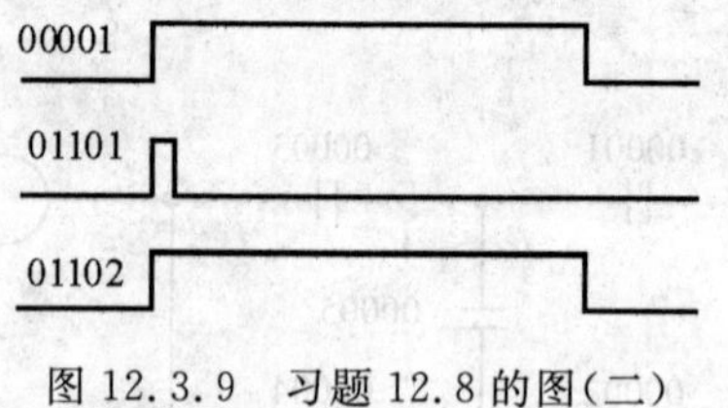

图 12.3.9 习题 12.8 的图(二)

注意:如果梯形图变换为图 12.3.10(a)所示,则控制时序图变换为如图 12.3.10(b)所示。

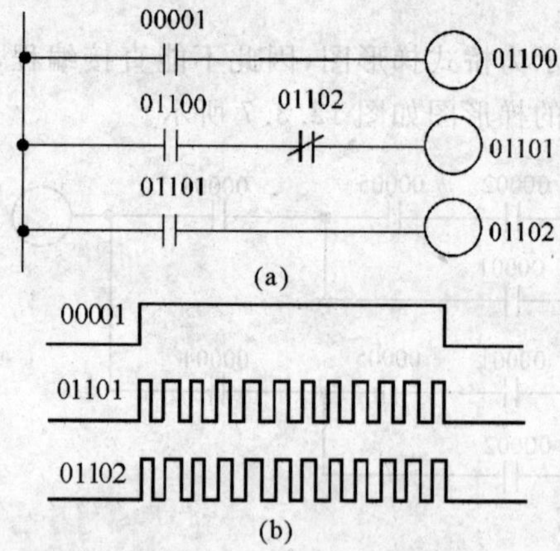

图 12.3.10 习题 12.8 的图(三)

[习题 12.13] 试用 PLC 实现下述的控制功能的梯形图。要求:

(1)电动机 M_1 先起动后,M_2 才能起动。

(2)M_2 起动后,M_1 立即停车。

解 根据控制要求,假定起动按钮为 00001,线圈 01101,01102 分别代表电动机 M_1,M_2。列出梯形图如图 12.3.11 所示。

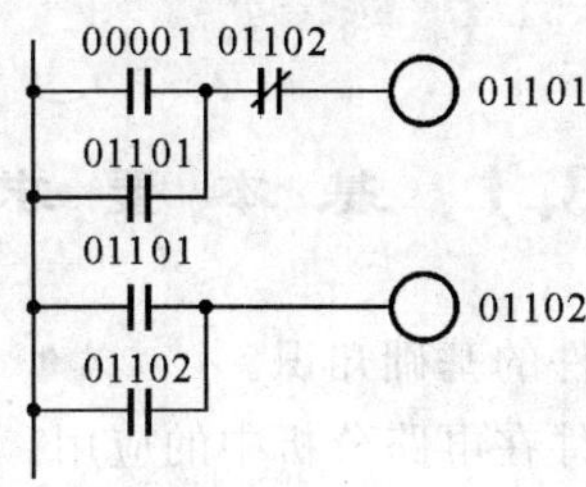

图 12.3.11　习题 12.13 的图

* 第 13 章　电工电子 EDA 仿真技术

13.1　基本要求

(1)了解 Multisim 10 软件的基础知识。

(2)了解 Multisim 10 软件在电路分析中的应用。

13.2　学习指导

电子设计自动化(EDA)是将计算机技术应用于电子设计过程中而形成的一门新技术,已经被广泛应用于电子电路的设计和仿真、集成电路的版图设计、印刷电路板(PCB)的设计和可编程器件的编程工作中。本章首先介绍电子设计自动化软件中常用的 Multisim 10 软件的基础知识,然后介绍如何利用该软件实现电工电子电路的仿真分析。

13.2.1　电子设计自动化概念

EDA 技术就是以计算机为工具,设计者在 EDA 软件平台上,用硬件描述语言 VHDL 完成设计文件,然后由计算机自动地完成逻辑编译、化简、分割、综合、优化、布局、布线和仿真,直至对于特定目标芯片的适配编译、逻辑映射和编程下载等工作。

EDA 大量应用在机械、电子、通信、航空航天、化工、矿产、生物、医学、军事等各个领域。目前 EDA 技术已在各大公司、企事业单位和科研教学部门广泛使用。例如在飞机制造过程中,从设计、性能测试及特性分析直到飞行模拟,都可能涉及 EDA 技术。本章所指的 EDA 技术,主要针对电工电子电路设计与仿真模拟。Multisim 10 具有强大的分析、仿真功能,具有直观、形象、交互性好和易操作等特点。

---

* 本章为选修章节。

13.2.2　Multisim 10 主窗口和工具库

Multisim 10 的操作界面主要包含标题栏、主菜单栏、工具栏、元件库、仿真电源开关等。主菜单栏主要由文件、编辑、显示、放置、单片机、仿真、转移、工具、报告、选项、窗口、帮助等下拉菜单构成，提供对电路进行编辑、视窗设定、添加元件、单片机专用仿真、仿真、生成报表、系统界面设定以及提供帮助信息等功能。

软件提供了丰富的、可扩充和可自定义的电子器件。元器件根据不同类型被分为 16 个元器件库，如信号源库、基本元件库、二极管库、晶体管库、模拟集成元器件库、TTL 元件库、混合集成元器件库等。Multisim 10 还提供了万用表、信号发生器、瓦特表、双踪示波器、波特仪、字信号发生器、逻辑分析仪、逻辑转换仪、失真度分析仪、频谱分析仪、网络分析仪和电压表及电流表等 18 种虚拟仪器、仪表。

13.2.3　Multisim 10 电路仿真分析

Multisim 10 提供了 18 种基本仿真分析方法：直流工作点分析、交流分析、瞬态分析、傅里叶分析、噪声分析、声图形分析、失真分析、直流扫描分析、灵敏度分析、参数扫描、温度扫描、零-极点分析、传输函数分析、最坏情况分析、蒙特卡罗统计、批处理分析、用户定义分析。选择主菜单中的 Simulate/Analysis 可看到。

13.3　习题选解

[习题 13.1]　在 Multisim 10 仿真平台上，用示波器观察半波电路、半波整流滤波电路的波形。

解　绘制电路图，如图 13.3.1(a)所示，利用示波器分别在开关 J_1 打开和闭合时，测量电阻两端的电压，如图 13.3.1(b)(c)所示。

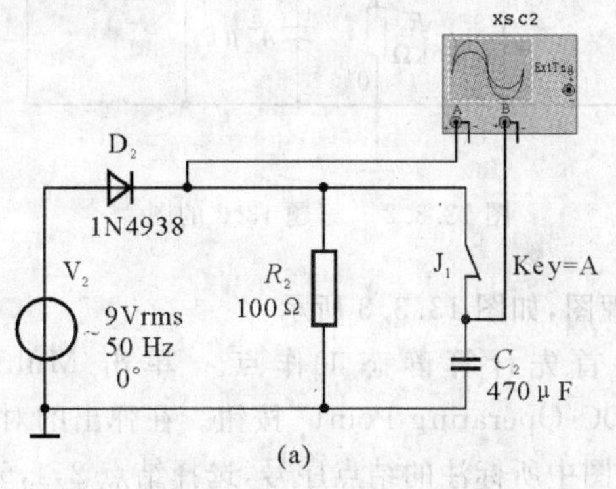

图 13.3.1　习题 13.1 的图

(a)电路图

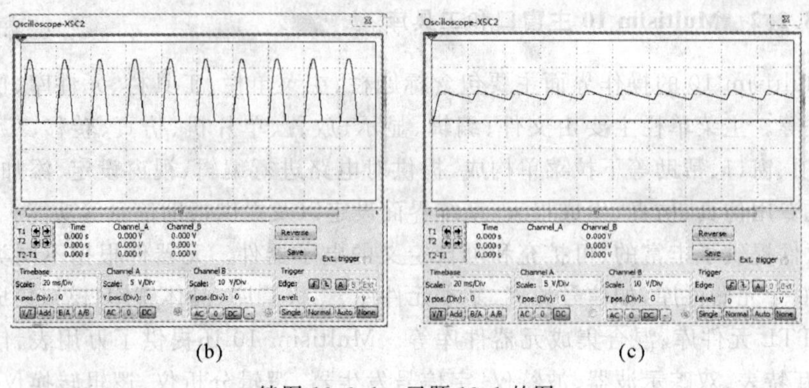

续图 13.3.1 习题 13.1 的图

(b)整流波形； (c)滤波波形

[习题 13.2] 用 Multisim 10 软件测量图 13.3.2 所示放大电路的静态工作点、输入电阻、输出电阻以及带载、空载时的电压放大倍数，并分析交流旁路电容 C_E 对电路的影响。

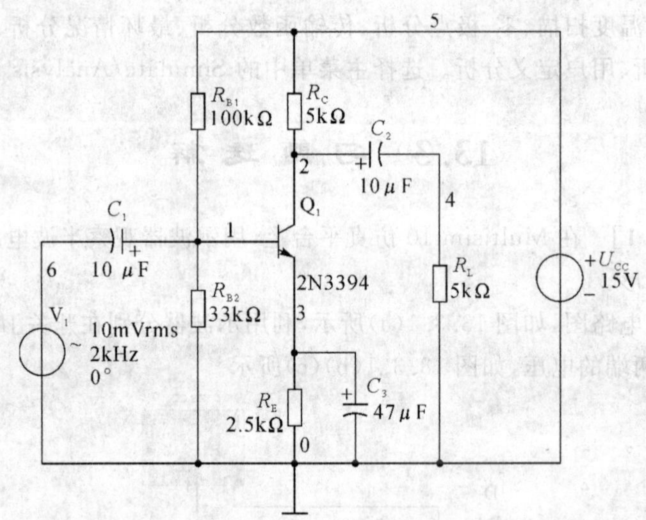

图 13.3.2 习题 13.2 的图

解 (1) 绘制原理图，如图 13.3.3 所示。

(2) 静态分析。首先计算静态工作点。单击 Multisim 10 界面菜单"Simulate/Analysis/DC Operating Point"按钮。在弹出的对话框中选择待分析的电路结点(根据原理图中所标注的结点序号，选择结点 2,4,5,6 作为分析结点)，单击"Simulate"按钮进行直流工作点仿真分析，即有分析结果显示在"Analysis

Graph”中，如图 13.3.4 所示。依据分析结果可以计算出静态工作点：

$$V_{BQ} \approx 3.323\ \text{V}$$

$$V_{EQ} \approx 2.715\ \text{V}$$

$$V_{BEQ} = V_{BQ} - V_{EQ} \approx (3.323 - 2.715)\ \text{V} = 0.608\ \text{V}$$

$$I_{BQ} = \frac{V_6 - V_2}{R_{B1}} - \frac{V_2}{R_{B2}} \approx \left(\frac{15 - 3.323}{100} - \frac{3.323}{33}\right)\ \text{mA} = 16.07\ \mu\text{A}$$

$$I_{CQ} = \frac{V_{CC} - V_4}{R_C} = \frac{15 - 9.650}{5}\ \text{mA} = 1.07\ \text{mA}$$

$$V_{CEQ} \approx V_{CC} - I_{CQ}(R_C + R_E) \approx [15 - 1.07(5 + 2.5)]\ \text{V} \approx 6.975\ \text{V}$$

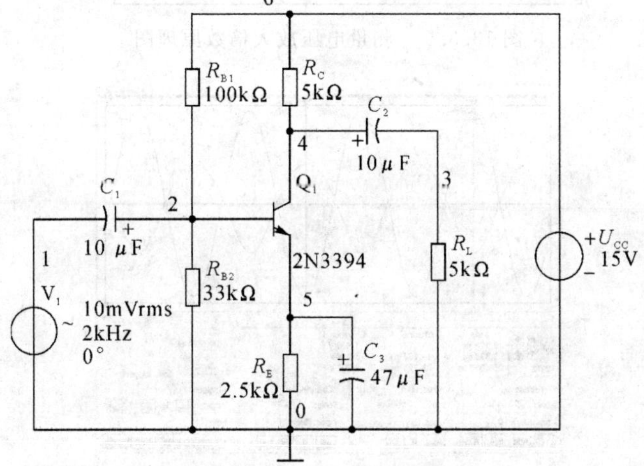

图 13.3.3　原理图

	DC Operating Point	
1	V(2)	3.32316
2	V(5)	2.71535
3	V(6)	15.00000
4	V(4)	9.64963

图 13.3.4　测量静态工作点仿真结果

(3) 动态分析。

电压放大倍数：测量电压放大倍数原理图如图 13.3.5 所示，仿真结果如图 13.3.6 所示，取输出电压峰值较小的一组仿真数据，有

$$A_V = \frac{V_{OP}}{V_{IP}} = -\frac{1.214\ \text{V}}{14.137\ \text{mV}} = -86$$

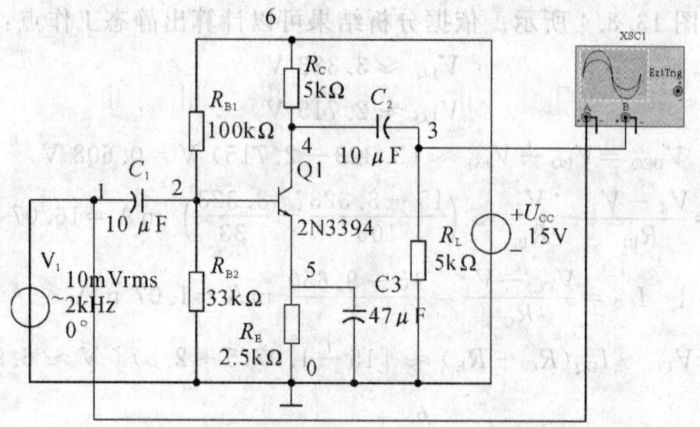

图 13.3.5　测量电压放大倍数原理图

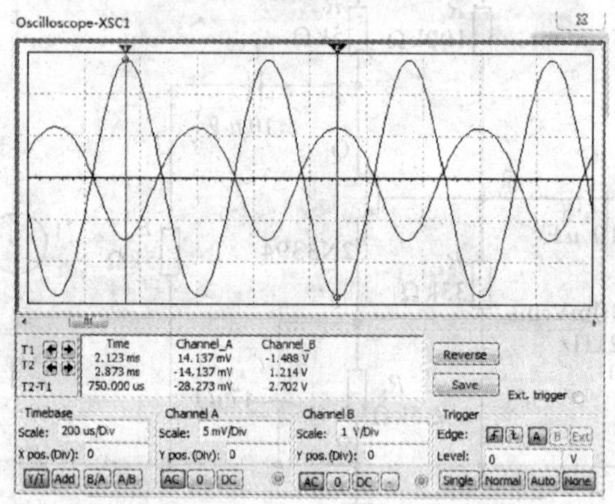

图 13.3.6　测量电压放大倍数仿真结果(输入输出电压峰值测量)

输入电阻的测量:在输入回路中接入数字万用表分别作为电压表和电流表,设置为"AC",运行仿真开关,分别从数字万用表 XMM1 和 XMM2 上读取电压和电流,如图 13.3.7 所示,测量结果如图 13.3.8 所示,得到输入电阻为

$$r_i=\frac{U_i}{I_i}=\frac{10\ \text{mV}}{5.728\ \mu\text{A}}=1.75\ \text{k}\Omega$$

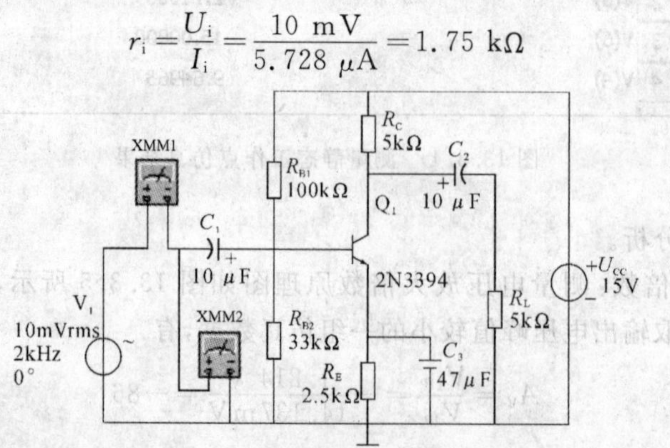

图 13.3.7　测量输入电阻的原理图

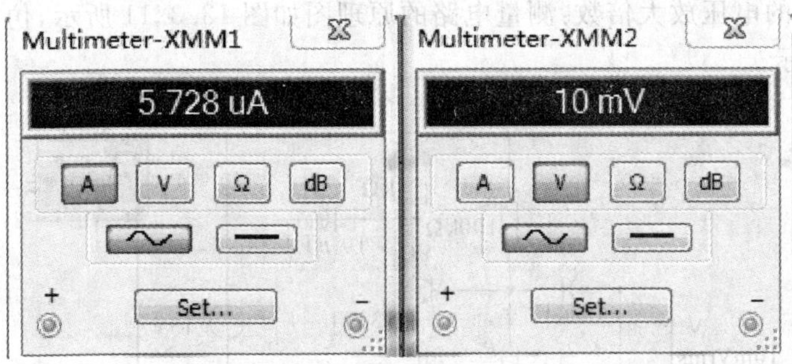

图 13.3.8　测量输入电阻万用表仿真结果

输出电阻的测量:测量输出电阻采用外加激励源法。将负载开路,信号源短路,外加激励源 V_1,在输出回路中接入数字万用表分别作为电流表和电压表,如图 13.3.9 所示,同样设置为交流“AC”,分别从电流表 XMM1 和电压表 XMM2 上读取电流和电压,测试结果如图 13.3.10 所示,得到输出电阻为

$$r_o = \frac{U_o}{I_o} = \frac{7.071\ \text{mV}}{1.532\ \mu\text{A}} = 4.62\ \text{k}\Omega$$

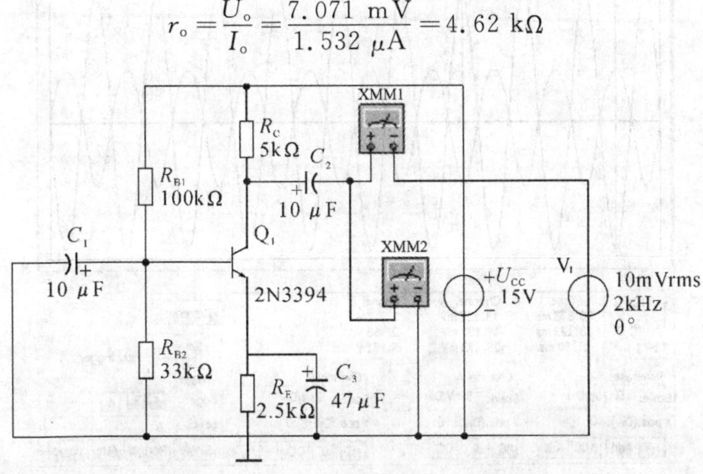

图 13.3.9　测量输出电阻的原理图

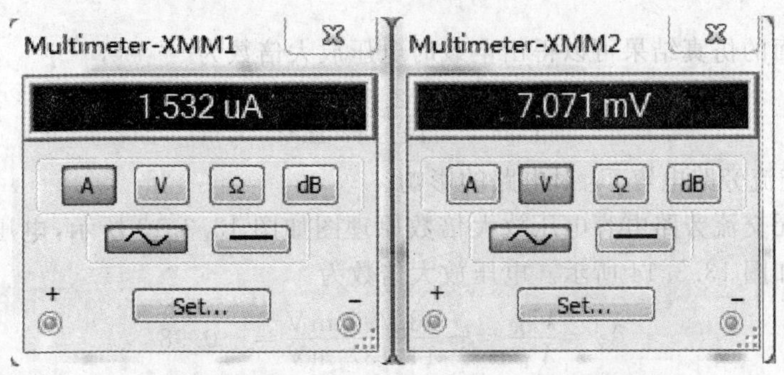

图 13.3.10　测量输出电阻万用表仿真结果

空载时的电压放大倍数：测量电路的原理图如图 13.3.11 所示，仿真结果如图 13.3.12 所示。

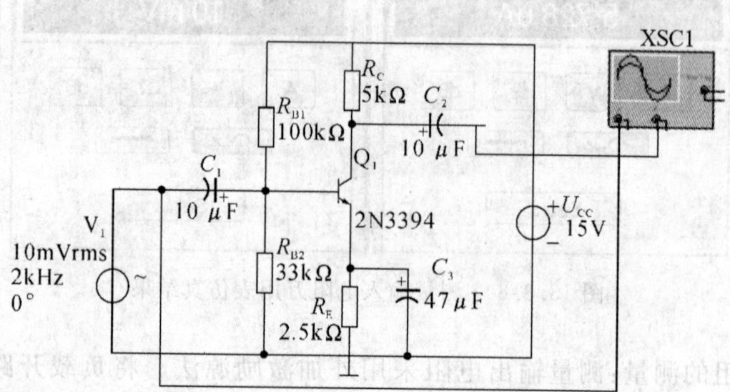

图 13.3.11 空载时测量电压放大倍数原理图

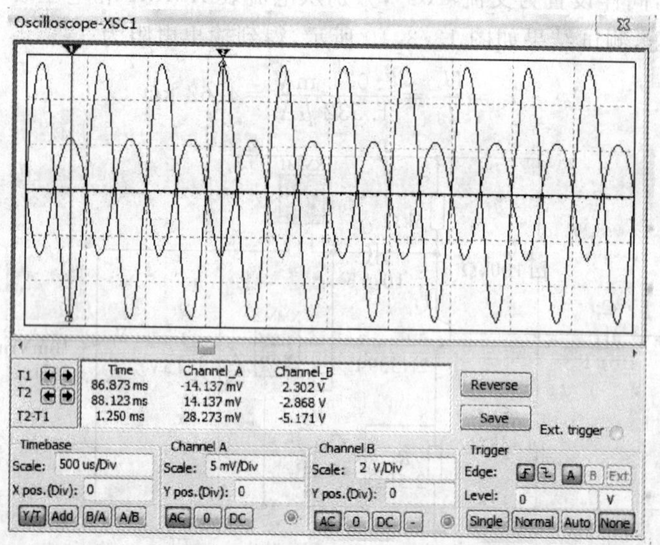

图 13.3.12 空载时测量电压放大倍数仿真结果

从上面的仿真结果可以得出空载时电压放大倍数为

$$A_V=\frac{V_{OP}}{V_{IP}}=-\frac{2.302\ \mathrm{V}}{14.137\ \mathrm{mV}}=-163$$

(4) 交流旁路电容 C_E 对电路的影响。

测量无交流旁路电容电压放大倍数原理图如图 13.3.13 所示，电压放大倍数仿真结果如图 13.3.14 所示。电压放大倍数为

$$A_V=\frac{V_{OP}}{V_{IP}}=-\frac{13.790\ \mathrm{mV}}{14.137\ \mathrm{mV}}=-0.98$$

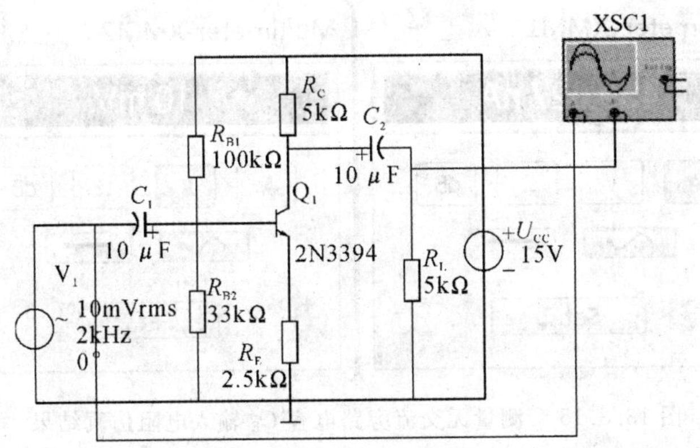

图 13.3.13　测量无交流旁路电容 C_E 电压放大倍数原理图

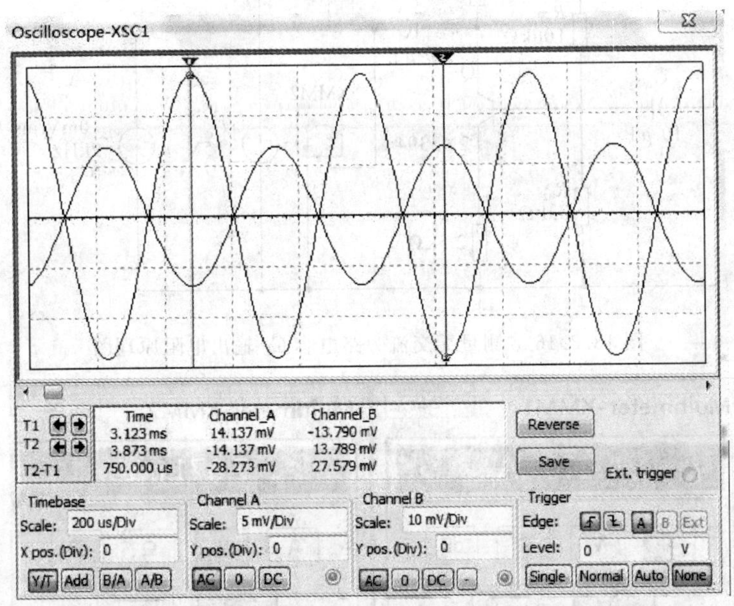

图 13.3.14　测量无交流旁路电容 C_E 电压放大倍数仿真结果

测量无交流旁路电容输入电阻仿真结果如图 13.3.15 所示。输入电阻为

$$r_i = \frac{U_i}{I_i} = \frac{10\ \text{mV}}{0.459\ \mu\text{A}} = 21.79\ \text{k}\Omega$$

测量无交流旁路电容输出电阻电路原理图如图 13.3.16 所示，仿真结果如图 13.3.17 所示。可得输出电阻为

$$r_o = \frac{U_o}{I_o} = \frac{7.071\ \text{mV}}{1.416\ \mu\text{A}} = 4.99\ \text{k}\Omega$$

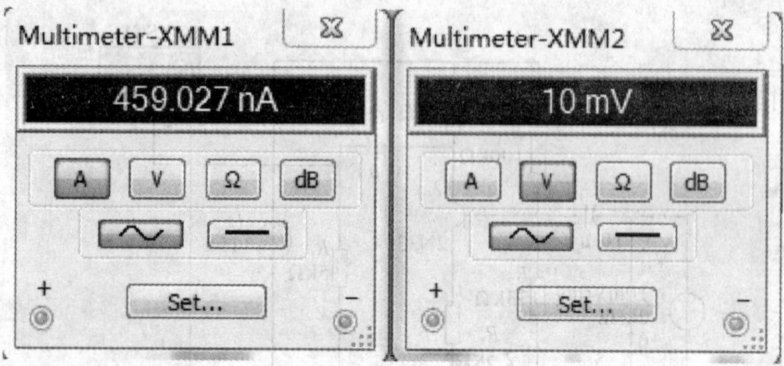

图 13.3.15　测量无交流旁路电容 C_E 输入电阻仿真结果

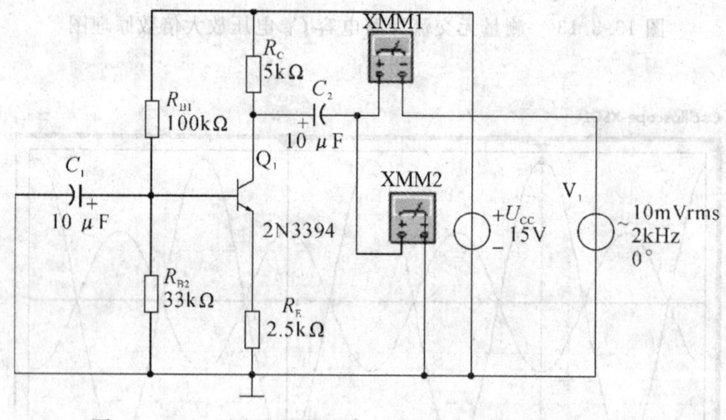

图 13.3.16　测量无交流旁路电容 C_E 输出电阻原理图

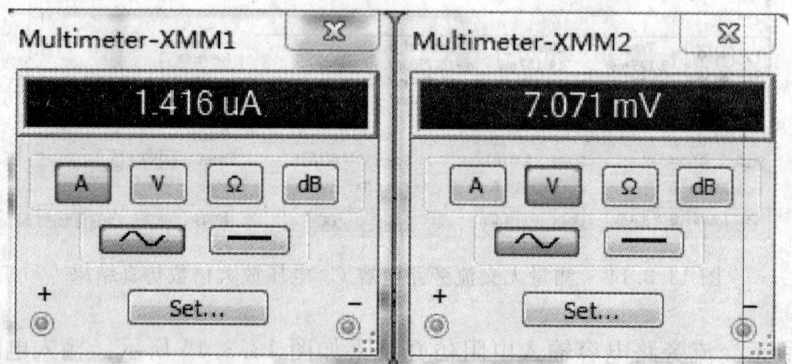

图 13.3.17　测量无交流旁路电容 C_E 输出电阻仿真结果

综上所述，无交流旁路电容 C_E 则放大电路的动态指标会发生改变，电压放大倍数将会减小，输入电阻和输出电阻则会增大。

[习题 13.3]　用 D 触发器构成四位二进制加法计数器，计数器的输出经译码器送给数码管显示计数结果。要求用 Multisim 10 对该计数器进行仿真，并用逻辑

分析仪观察计数器的输出波形。

解　(1) 根据题目要求绘制出电路图,如图 13.3.18 所示。

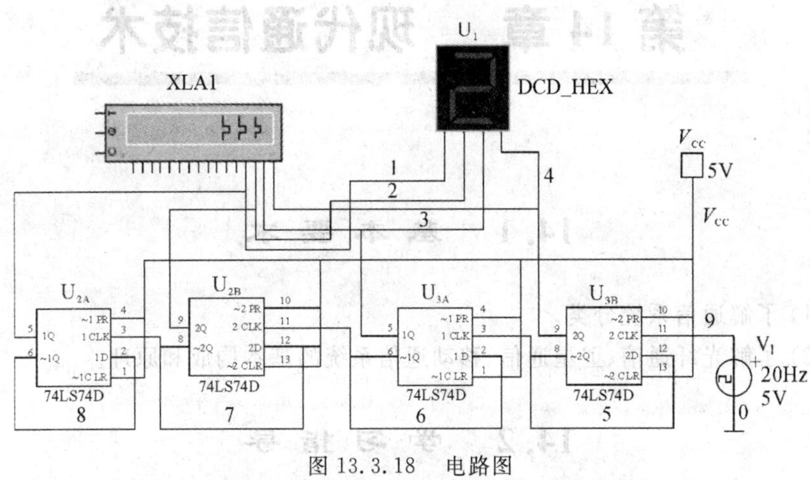

图 13.3.18　电路图

(2) 仿真结果。按照原理图连接好电路后,双击逻辑分析仪图标,打开逻辑分析仪面板,选择合适的 Clocks per division 参数(下面的仿真结果中 Clocks per division 参数选择为 2),为使计数器工作波形便于观测。打开仿真开关,观测七段译码器显示的数字,以及逻辑分析仪显示的计数器输入输出电压波形图,如图 13.3.19 所示。

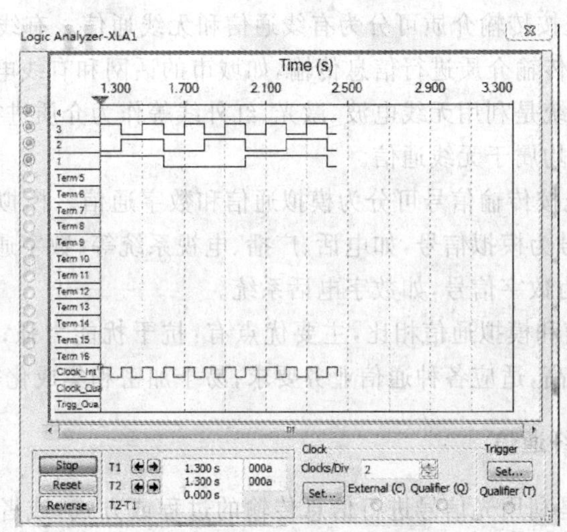

图 13.3.19　四位二进制加法计数器仿真结果

由仿真结果可以得出:上面所连接的电路是一个上升沿触发的 16 进制异步计数器,按照“0,1,2,3,4,5,6,7,8,9,a,b,c,d,e,f”的顺序循环计数。

*第 14 章　现代通信技术

14.1　基本要求

(1) 了解通信系统分类。

(2) 了解光纤通信、卫星通信、移动通信系统的基本构成和原理。

14.2　学习指导

14.2.1　通信系统分类

通信系统就是指利用有线电、无线电、光和其他电磁系统，将某一地的消息、情报、指令、文字、图像、声音或任何性质的消息传输到另一地的系统。通信系统通常由发射机、信道和接收机三部分组成。

(1) 通信系统按传输介质可分为有线通信和无线通信。有线通信系统是利用导线、电缆等作为传输介质进行信息传输，如城市的话网和有线电视等均属于有线通信；无线通信系统是利用无线电波、激光、红外线等作为介质进行信息传输，如广播、电视和手机等均属于无线通信。

(2) 通信系统按传输信号可分为模拟通信和数字通信。模拟通信系统是指通信系统传输的信号为模拟信号，如电话、广播、电视系统等；数字通信系统是指通信系统传输的信息为数字信号，如数字电话系统。

(3) 数字通信和模拟通信相比，主要优点有：抗干扰能力强；易实现高质量远距离通信；灵活性高，适应各种通信业务要求；易于加密和集成化等。

14.2.2　光纤通信

光纤通信就是利用光信号进行信息传输的过程或方式，或者说光纤通信就是以光波为载波。光纤通信首先将欲传送的模拟信号(电话、电视、图像和数据等)转换为数字信号，送入发送光端机，再转换为光信号并传输入光纤。而后接收光端机将送来的光信号转为对应的数字信号，经放大后进入通信网络，还原为原来电话和图像信号。光纤通信的优点是传输频带宽，通信容量大，损耗低，中继距离远，抗